Christian Bartels

Carbon Capture and Storage

Verfahren zur Reduzierung von CO2-Emissionen in Kraftwerken

Diplomica Verlag GmbH

Bartels, Christian: Carbon Capture and Storage: Verfahren zur Reduzierung von CO2-Emissionen in Kraftwerken. Hamburg, Diplomica Verlag GmbH 2015

Buch-ISBN: 978-3-95934-740-2
PDF-eBook-ISBN: 978-3-95934-240-7
Druck/Herstellung: Diplomica® Verlag GmbH, Hamburg, 2015
Covermotiv: © pixabay.de

Bibliografische Information der Deutschen Nationalbibliothek:
Die Deutsche Nationalbibliothek verzeichnet diese Publikation in der Deutschen Nationalbibliografie; detaillierte bibliografische Daten sind im Internet über http://dnb.d-nb.de abrufbar.

Hermannstal 119k, 22119 Hamburg
http://www.diplomica-verlag.de, Hamburg 2015
Printed in Germany

Inhaltsverzeichnis

Abbildungsverzeichnis

Tabellenverzeichnis

Formelverzeichnis

Abkürzungsverzeichnis

ATEAM	**A**dvanced **T**errestrial **E**cosystem **A**nalysis and **M**odelling
CCS	**C**arbon **C**apture and **S**torage
CER	**C**ertified **E**mission **R**eductions
CDM	**C**lean **D**evelopment **M**echanism
CLEAN	**C**O_2 **L**arge-Scale **E**nhanced Gas Recovery in the **A**ltmark **N**atural Gas Field
CO_2	**C**arbon Di**o**xide (Kohlenstoffdioxid)
CO2SINK	**CO_2** **S**torage by **I**njection into a **N**atural Saline Aquifer at **K**etzin
DAC	**D**irect **A**ir **C**apture
ECBM	**E**nhanced **C**oal **B**ed **M**ethane Recovery
EGR	**E**nhanced **G**as **R**ecovery
EOR	**E**nhanced **O**il **R**ecovery
EUA	**E**uropean **U**nit **A**mount
FACE	**F**ree **A**ir **C**O_2 **E**nrichment
GFZ	**G**eo**F**orschungs**Z**entrum
GuD	**G**as- **u**nd **D**ampfturbinenprozess
IGCC	**I**ntegrated **G**asification **C**ombined **C**ycle
IPCC	**I**ntergovernmental **P**anel on **C**limate **C**hange
PIK	**P**otsdam-**I**nstitut für **K**limafolgenforschung
PPM	**P**arts **P**er **M**illion
UBA	**U**mwelt**b**undes**a**mt für Mensch und Umwelt

1 Einleitung und Motivation

Eines der größten Probleme des 21. Jahrhunderts stellt der Klimawandel dar. Es wird angenommen, jedoch nicht eindeutig bestätigt, dass durch den massiven, menschenverursachten Ausstoß von Kohlenstoffdioxid und den weiterhin ungehinderten Anstieg von Treibhausgasen in der Atmosphäre, die Klimaerwärmung verstärkt wird und die Welt dadurch vor einer noch nie dagewesenen Herausforderung steht.

Um dem Klimawandel entgegenzuwirken, erfordert es neue politische, technische und wissenschaftliche Strategien sowie ein Umdenken des persönlichen Lebensstils aus Verbrauchersicht. Für das Erreichen des sogenannten „2-Grad-Ziels“[1] rechnen Wissenschaftler mit Kosten von ca. einem Prozent des globalen Bruttoinlandsprodukts. Diese aktuelle Problematik hat mich dazu motiviert, dem Thema zur Untersuchung den allgegenwertigen, natürlichen Prozessen und technische Methoden zur Abscheidung und Speicherung von CO_2, die bereits heute angewendet werden, zu widmen. Die Ziele diese Verfahren und Methoden sind, die Emission von Treibhausgasen nachhaltig zu verringern, den atmosphärischen Kohlenstoffdioxidanstieg zu reduzieren und in Kraftwerken abgeschiedenes CO_2 in möglichen Reservoiren dauerhaft zu speichern. Das Ziel dieser Studie ist neben der Hinterfragung, ob der anthropogene CO_2-Anstieg wirklich den Grund für den globalen Temperaturanstieg darstellt, das grundlegende Prinzip des natürlichen Kohlenstoffkreislaufes und darauf aufbauende, künstliche Verfahren zu erörtern sowie bereits praktizierte und in der Forschung stehende Techniken zur Abscheidung von CO_2-Emissionen „fossiler Kraftwerken“ zu erläutern. Weiterhin ist das Ziel dieser Untersuchung das Erstellen eines Überblicks über die erfolgversprechendsten Methoden und den wirtschaftlichen Nutzwert der verschiedenen Arten und Möglichkeiten zur Abscheidung und Speicherung des Kohlenstoffdioxids. Auch die politischen Maßnahmen zur CO_2-Einsparung, mit dem gesonderten Bezug auf Emissionsrechtehandel, werden betrachtet, da dieser dahingehend für Kraftwerksbetreiber interessant ist, dass aufgrund des Rechtehandels die Möglichkeit besteht, CO_2 einzusparen, ohne die eigenen Emissionswerte zu reduzieren. Ferner wird betrachtet, ob die Sequestrierung von CO_2 eine sinnvolle Lösung zum Entgegenwirken des Klimawechsels darstellt. Dabei werden aktuelle Forschungsstände zur Technologie „Carbon Capture and Storage“ überprüft und ein Resultat gezogen, ob CCS für den Klimaschutz ausreicht oder ein anderer Weg eingeschlagen werden sollte, um das vom Klimarat des „Intergovernmental Panel on Climate Change“ geforderten 2-Grad-Ziels einzuhalten.

[1] Ziel der internationalen Klimapolitik. Darin wurde festgelegt, dass das globale Klima sich nicht mehr als zwei Grad Celsius gegenüber dem Niveau vor Beginn der Industrialisierung erwärmen darf.

2 Eigenschaften von CO_2

Kohlenstoffdioxid oder auch Kohlendioxid genannt, ist ein Molekül, bestehend aus einem Kohlenstoff- und zwei Sauerstoffatomen. Es ist ein farb- und geruchsloses, ungiftiges Gas, gut in Wasser löslich und nicht entflammbar. CO_2 ist ein natürlicher Bestandteil der Luft. Obwohl es im Grunde, dem Volumenanteil von 390 ppm[2] (SCRIPPS 2013) nach, ein Spurengas ist, wird es aufgrund seiner wichtigen Bedeutung für Klima, Mensch, Flora und Fauna als Hauptbestandteil der Luft angesehen. Weiterhin gehört CO_2, wie auch Methan (CH_4), Distickstoffoxid (N_2O) und Fluorkohlenwasserstoff (FCKW) zu den Treibhausgasen, wobei Wasserdampf mit einer Strahlungsabsorptionsrate von 70 % zu den stärksten Klimagasen zählt. Diese haben die Eigenschaft, kurzwellige Strahlung ungehindert passieren zu lassen und die vom Boden abgegebene Infrarotstrahlung (langwellig) zum Teil zu absorbieren. Dabei erhöht die Strahlungsenergie das Energieniveau der Moleküle, welche Energie in Form von Wärme emittieren. Dies führt zu einem Kreislauf, der die Temperatur des Bodens und der Troposphäre ansteigen lässt. Der Treibhauseffekt führt dazu, dass die globale Durchschnittstemperatur an der Erdoberfläche um ungefähr 33 °C höher und somit bei ca. 15 °C liegt. Ohne diesen Effekt hätte die Erde in der unteren Atmosphärenschicht eine mittlere Durchschnittstemperatur von -18 °C. Desweiteren ist Kohlenstoffdioxid mit einem Anteil von $5x10^{-4}$ % Bestandteil des Meeres und ist in Vulkangasen enthalten. Der größte CO_2-Anteil liegt in gebundener Form in Carbonatgesteinen und -mineralen vor. Wichtige Vertreter sind Calcit ($Ca[CO_3]$), sowie Dolomit ($CaMg[CO_3]_2$) und Siderit ($FeCO_3$) (FINGER 1999).

2.1 Physikalische Eigenschaften

Tabelle 1: Physikalische Eigenschaften CO_2 (erstellt nach KÖTT 2008)

Eigenschaften CO_2	
Dichte	1,977 kg/m³ [1,977 g/l] (bei 0 °C)
Dampfdruck	57,258 bar (bei 20 °C)
kritische Temperatur	304,2K (31°C)
kritischer Druck	7,375 MPa (73,8 bar)
kritische Dichte	468 kg/m³

[2] Hauptbestandteile (99,96 %):
Stickstoff (N_2) - 78,084 %
Sauerstoff (O_2) - 20,942 %
Argon (Ar) - 0,934 %

CO_2 liegt bei Druckverhältnissen über 7,38 MPa[3] und Temperaturen größer als 31,4 °C als superkritische Phase vor. In dieser Phase ist das CO_2 zwar gasförmig, weist jedoch ähnliche Fließeigenschaften wie eine Flüssigkeit auf. Des Weiteren besitzt es eine höhere spezifische Dichte als flüssiges Kohlenstoffdioxid (vgl. SKOVHOLT 1993; ODENBERGER & SVENSSON 2003). Wie in Abbildung 1 zu sehen, sind die Dichte und der Zustand abhängig von Druck und Temperatur. Demnach geht CO_2 bei atmosphärischen Druckverhältnissen vom festen direkt in den gasförmigen Aggregatzustand über, wobei der flüssige Zustand dabei nicht erreicht wird (Sublimation). Der Tripelpunkt[4] liegt bei einer Temperatur von -56,6 °C und einem Druck von 5,19 bar.

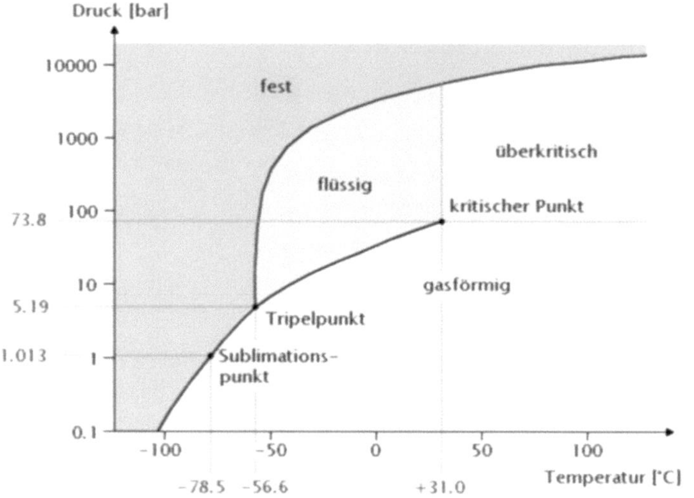

Abbildung 1: pT-Phasendiagramm von Kohlenstoffdioxid (Quelle: LOHNINGER 2013)

Für den Transport und die Speicherung von CO_2 sind besonders die kritischen und überkritischen Phasen von großer Bedeutung.

Weiterhin ist es wichtig, zu verstehen, dass sich mehr CO_2 löst, je kälter das Wasser ist. So hat Wasser, proportional zum Anstieg der Temperatur, ein abnehmendes Potential zum Lösen von Kohlenstoffdioxid, sodass es sich demnach je nach Konzentration und ansteigender Temperatur aus dem Wasser wieder löst.

2.2 Chemische Eigenschaften

Durch das Lösen von Kohlenstoffdioxid in Wasser, bildet sich Kohlensäure (H_2CO_3),

$$CO_2 + H_2O \rightleftharpoons H_2CO_3$$

Formel 1: Reaktionsgleichung CO_2 mit Wasser zu Kohlensäure

[3] ca. 74-fache Atmosphärendruck

[4] CO_2 liegt in allen drei Phasen vor

wobei nur ein geringer Kohlensäureanteil von 0,003 % tatsächlich entsteht. Das restliche CO_2 wird dabei physikalisch gelöst (GDCH 2000). Das gelöste CO_2 liegt mit seinen Dissoziationsprodukten, Carbonat und Hydrogencarbonat, in einem Gleichgewicht, wobei das Gleichgewicht im Wasser überwiegend auf der Seite des Kohlenstoffdioxids liegt. Das Mengenverhältnis zueinander ist abhängig vom vorherrschenden pH-Wert (MOLT 2007).

$$CO_2 + H_2O \rightleftharpoons H_2CO_3 \; ; \; pK_s = 3{,}2 \rightarrow mittelstarke\ Säure$$

$$H_2CO_3 + H_2O \rightleftharpoons HCO_3^- + H_3O^+ \; ; \; pK_s = 3{,}2 \rightarrow mittelstarke\ Säure$$

$$HCO_3^- + H_2O \rightleftharpoons CO_3^{2-} + H_3O^+ \; ; \; pK_s = 10{,}4 \rightarrow schwache\ Säure$$

Formel 2: Dissoziationsgleichung CO_2 in Wasser

Die Kohlensäure spielt bei der CO_2-Speicherung in entleerten Gasfeldern eine gewisse Rolle, da sie eine technische Herausforderung hinsichtlich der sicheren Verschließung von Bohrlöchern solcher Felder darstellt, da die Säure bei direktem Kontakt mit metallischen Werkstoffen und dem umliegenden Zementen zu Korrosion führt (MAY ET AL. 2009).

2.3 Industrielle Verwendung

Verwendung findet das überkritische CO_2 neben der Erdöl- und Erdgasexploration durch das „Enhanced Oil Recovery"-Verfahren (EOR) und „Enhanced Gas Recovery"-Verfahren (EGR), auch in den verschiedensten Industriezweigen. Beispielsweise wird es als Extraktionsmittel oder Destraktionsmittel zum Entkoffeinieren von Kaffee, als Lösungs- und Trocknungsmittel organischer Präparate, sowie zur Reinigung hochempfindlicher Geräte verwendet. Der Vorteil des überkritischen CO_2 liegt darin, dass es sich nach dessen Verwendung durch Abnahme von Druck verflüchtigt. In der Lebensmittelindustrie wird Kohlenstoffdioxid oft Getränken zugesetzt, um kohlensäurehaltige Getränke herzustellen. Weitere Anwendungen findet es in Feuerlöschern und als Kältemittel in Klimaanlagen, bei Transportkühlungen, sowie zur Kühlung von Lebensmitteln in Supermärkten (KÖTT 2008).

3 Entwicklung und Folgen des CO_2-Anstiegs seit der Industrialisierung

Die Industrialisierung begann Mitte des 18. Jahrhunderts in England. Fast ein ganzes Jahrhundert später (1848/49) setzte die industrielle Revolution auch in Deutschland ein. Seitdem hat sich die CO_2-Konzentration in der Atmosphäre, wie in Abbildung 2 zu sehen, durch Verbrennung fossiler Rohstoffe und Änderungen in der Landnutzung, um 39% von 280 auf 390 ppm stetig erhöht.

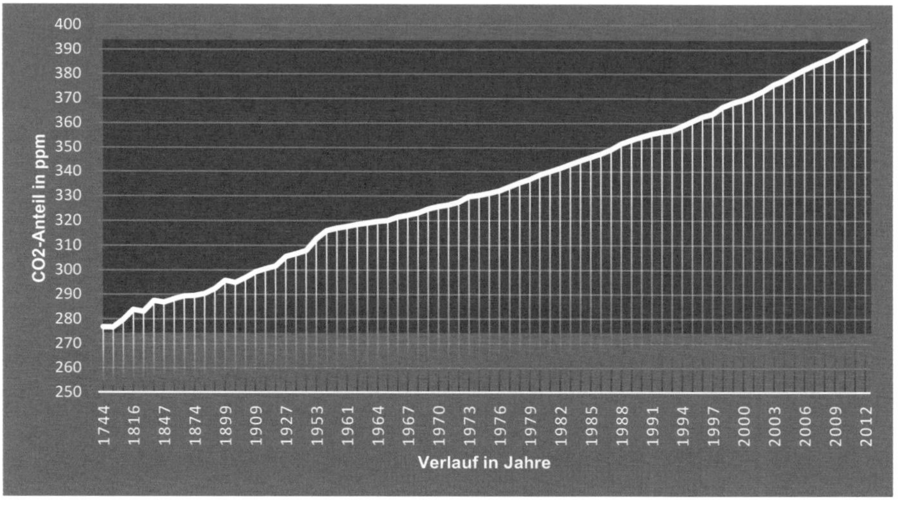

Abbildung 2: CO_2-Anstieg seit der Industrialisierung
(erstellt nach Daten von FRIEDLI et al. 1986, SCRIPPS 2013, NOAA 2013)

Wie die folgende Tabelle aufzeigt, ist bisher auch noch kein Trend absehbar, dass sich dieser Anteil verringert, da der jährliche Anstieg an CO_2 in der Atmosphäre seit Dekaden weiterhin ungehindert zunimmt.

Tabelle 2: Jährlicher CO_2-Anstieg seit 1963 (erstellt nach CO_2NOW 2013)

Dekade	Zuwachsrate [ppm/a]
1963 bis 1972	0,9
1973 bis 1982	1,37
1983 bis 1992	1,52
1993 bis 2002	1,67
2003 bis 2012	2,07

Damit hat Kohlenstoffdioxid das höchste Niveau seit über 420.000 Jahren[5] erreicht (PETIT et al. 1999). Dieses Niveau wird nicht nur beibehalten, sondern in den nächsten Jahrzehnten auf voraussichtlich bis zu 600 ppm ansteigen, falls dem durch drastische Emissionsminderungen nicht entgegengewirkt wird (IPCC 2001). Verschiedene Forschergruppen des Potsdam-Instituts für Klimafolgenforschung (PIK) haben 2004 vier Szenarien über die Entwicklung der Kohlenstoffdioxidkonzentration in der

[5] Nach IPPC (2007) selbst der letzten 650.000 Jahre

Atmosphäre, erstellt (siehe Abbildung 3). Dabei wurden verschiedenste Faktoren und unterschiedliche Szenarien der Umweltentwicklung verwendet. Auf die einzelnen, farblich gekennzeichneten Szenarien wird in dieser Untersuchung jedoch nicht weiter eingegangen (PIK 2004).

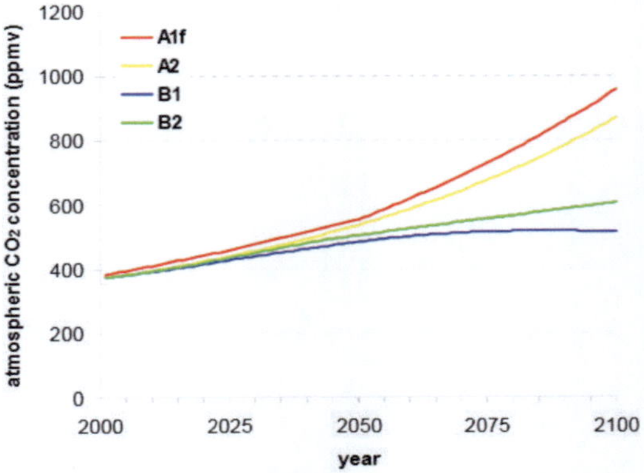

Abbildung 3: Vier Modelle der CO_2-Entwicklung (PIK 2004)

Demnach nehmen jeweils zwei Szenarien den ungefähr gleichen Werdegang der Kohlenstoffdioxidkonzentration an. Die positiven Szenarien (blau und grün) sehen eine Chance in der Eindämmung des weiteren CO_2-Anstiegs und nur noch eine geringere Erhöhung auf ca. 600 ppm. Die beiden negativen Szenarien (rot und gelb) rechnen damit, dass jenes CO_2-Problem auch in Zukunft nicht unter Kontrolle gebracht werden kann und der Anteil auf fast 1.000 ppm ansteigen wird.

Diese Szenarien sehen massive Probleme und Folgen für die Menschheit voraus (PIK 2004). Folgen des Anstieges sind schon heute und seit längerem zu beobachten. Lange Zeit wurde ein anthropogener Grund für den globalen Temperaturanstieg von Wissenschaftlern und Politikern ausgeschlossen und solche Theorien belächelt. Heute wird die Wahrscheinlichkeit, dass menschliches Einwirken den natürlichen Treibhauseffekt verstärkt und maßgebend an der globalen Klimaänderung beteiligt ist, mit *„sehr wahrscheinlich“*[6] (IPCC 2007) angegeben. Laut dem „Intergovernmental Panel on Climate Change“ hat sich die mittlere globale Temperatur seit 1850 bis 2001-2005 um ca. 0,76 °C[7] erhöht (Abbildung 4). Im Bericht des IPCC aufgeführte Beobachtungen seit 1961 zeigen weiterhin, dass die Temperatur der Ozeane[8] bis in eine Tiefe von 3000 m angestiegen ist. Da sich das Wasser mit zunehmender Temperatur ausdehnt, trägt dies zusammen mit dem Abschmelzen der Gebirgsgletscher und Eiskappen, zum Anstieg des Meeresspiegels bei (IPCC 2007). Die Erkenntnisse über die

[6] Wissenschaftlicher Sprachgebrauch des vierten IPCC-Berichts. Demnach bedeutet „sehr wahrscheinlich“ eine mindestens 90-prozentige Wahrscheinlichkeit.

[7] Mittelwert des Unsicherheitsbereiches [0,57 – 0,95 °C]

[8] Ozeane absorbieren über 80 % der dem Klimasystem zugeführten thermischen Energie

Veränderung der Temperatur und den Anstieg des Meeresspiegels werden vom IPCC in Abbildung 4 gestützt. Daraus erschließt sich ein direkter Zusammenhang zwischen dem Anstieg der globalen Durchschnittstemperatur und dem Meeresspiegel. Derartige Klimadiagramme über einen Zeitraum von mehr als 100 Jahre muss man jedoch kritisch begegnen und hinterfragen, unter welchen Umständen diese Werte erfasst wurden und wie glaubwürdig ein daraus resultierender globaler Temperaturanstieg wirklich ist. So war die Dichte der globalen Temperaturmessungen vor 150 Jahren auf einem wesentlich niedrigeren Niveau als heute. Die Anzahl von Temperaturmesspunkten war zu diesem Zeitpunkt weitaus geringer. So gibt es auch nur wenige Messdaten auf dem offenen Meer aus anfänglichen Zeiten der Wetterdatenerfassung (JONES ET AL.1999), während die globalen Temperaturen seit der Messung durch Satelliten viel akkurater geworden sind. Dieser Unterschied von groben und mangelhaften globaler Verteilung von Messungen damals bis sehr präzisen und dichten Messungen heute, vereint in einem Diagramm, kann ein Grund für den „vermeintlichen" Temperaturanstieg sein. Gleiches gilt auch für die Messung des Meeresspiegels. In Abbildung 4 wird von einem maximalen Meeresspiegelunterschied von 20 cm ausgegangen. Jedoch ist hier die Konsistenz der Messungen zu hinterfragen und es ist interessant, wie genau der Meeresspiegel denn wirklich zum Anfang des 19. Jahrhunderts erfasst werden konnte. Weiterhin spielen natürliche Faktoren eine Rolle. Es ist relevant zu klären, in welcher Höhe die Messpunkte gemacht wurden, da nicht jeder Ozean die tatsächlich gleiche Wasserhöhe hat, sondern diese auch variieren (JONES ET AL.1999).
Angesehene Wissenschaftler, wie der Mathematiker und Meteorologe Storch, Leiter für Küstenforschung am Helmholtz-Zentrum in Geesthacht, und der Geologe Berner, Leiter der Klimaabteilung an der Bundesanstalt für Geowissenschaften und Rohstoffe (BGR) in Hannover, vertreten jedoch die Meinung, dass man eine Korrelation von Temperatur- und CO_2-Anstieg, in Abhängigkeit voneinander, nicht ohne Weiteres akzeptieren darf. Tatsache sei, die Temperaturen steigen seit 15 Jahren nicht mehr an, wobei der CO_2-Ausstoß weiterhin zunimmt (SPIEGEL 2013). Eine Erklärung dafür gibt's es bisweilen noch nicht, jedoch die Erkenntnis, dass die bislang verwendeten Klimamodelle, bestimmte Faktoren nicht berücksichtigen und nicht mehr aktuell sind, da laut diesen Modellen die Temperatur parallel zum CO_2-Anstieg ebenfalls ansteigen müsste. Somit hätte es in den letzten zehn Jahren eine Klimaerwärmung von 0,25 °C geben müssen. Aktuell stieg die Temperatur jedoch innerhalb der letzten 15 Jahre um nur 0,06 °C (SPIEGEL 2013). In 98 % aller Vorhersagen durch die Klimamodelle gibt es keine solche Temperaturstagnation, sondern prophezeien bei den aktuellen CO_2-Ausstößen noch viel stärkere Temperaturanstiege. Sollte diese Stagnation weitere fünf Jahre anhalten, müsse sich laut Storch eingestanden werden, dass die Klimamodelle auf grundlegender Ebene fehlerhaft sind, da in keinem einzigen Modell eine 20-jährige Temperaturstagnation prognostiziert wurde. Erklärungen für diese Fehler können zum einen sein, dass die Wirkung der Treibhausgase auf das Klima weitaus geringer ist, als angenommen

und zum anderen, dass natürliche Faktoren, wie die von Berner beschriebene Sonnenaktivitäten, unterschätzt wurden (SPIEGEL 2013). Laut Berner werden in den Klimamodellen die Aktivitäten der Sonne vernachlässigt. Demnach korreliert der Temperaturanstieg der letzten 150 Jahren mit der Aktivität der Sonne. Die Sonnenaktivität hängt von der Bildung der Sonnenflecken auf der Oberfläche ab. Bei einer Verringerung dieser Flecken, bilden sich auch mehr Wolken, was dazu führt, dass mehr Strahlung reflektiert wird. Derzeit befinden wir uns in einem Zyklus in dem die Sonnenfleckenintensität ansteigt und somit mit dem Temperaturanstieg der letzten 150 Jahre perfekt korreliert (SPIEGEL 2001). Weiterhin behauptet Berner, dass auch zu früheren Zeitpunkten in der Erdgeschichte der Anstieg des CO_2-Gehalts der Atmosphäre nicht mit dem Anstieg der Temperaturen einhergeht, sondern in manchen Fällen sogar ein Abfall der Temperatur zu beobachten war. Dies bezeugen Eisbohrkerne aus der Antarktis (SPIEGEL 2001). In Bezug auf die jüngste Klimageschichte, beschreibt Berner, dass es bis 1940 einen Temperaturanstieg gab, der jedoch nicht mit dem CO_2-Anstieg korreliert. Ab den fünfziger Jahren fielen die Temperaturen dann jedoch wieder, während der atmosphärische CO_2-Gehalt weiter anstieg. Darauf beschreiben viele Klimaforscher nun nur noch die letzten 30 Jahre, in denen der CO_2-Anstieg tatsächlich mit dem Temperaturanstieg korreliert (SPIEGEL 2001). Auch die Auffassungen innerhalb der Forschergemeinschaft rund um das IPCC sollen weit auseinander gehen. Zwar wird im Bericht des IPCC davon ausgegangen, dass anthropogen induziertes CO_2 zu 95 % Wahrscheinlichkeit den Grund für den Temperaturanstieg darstellt, jedoch wurde diese Aussage während der Verfassung des Berichtes nicht vollkommen von allen beteiligten Wissenschaftlern vertreten. Weiterhin müsse im nächsten IPCC Bericht, der dieses Jahr erwartet wird, eine Anpassung dessen erfolgen, da in den letzten Jahren die Klimamodelle - wie bereits beschrieben - sehr in Frage gestellt werden und auch nicht mehr mit den Vorhersagen übereinstimmen. Dass die Aussage mit einer Wahrscheinlichkeit von 95 % gefällt wurde, rührt daher, dass anfangs die starke Erderwärmung nicht mehr auf natürliche Art und Weise erklärt werden konnte und parallel dazu die Erkenntnis gewonnen wurde, dass der Mensch seit jeher seinen Fingerabdruck im Klimageschehen hinterlässt. Die Annahme einer Korrelation beider Fakten miteinander war demzufolge naheliegend. Heute jedoch werden möglicherweise, aufgrund der neuen, nicht vorhergesehenen Entwicklungen, Erkenntnisse und Wissen ein Umdenken und „Nachjustierung“ im Umgang mit der Klimaerwärmung notwendig sein (SPIEGEL 2001 & 2013). Beide Wissenschaftler sind sich darin einig, dass der Anstieg des CO_2-Gehaltes in der Atmosphäre anthropogenen Ursprungs ist. Ungeachtet dessen vertreten beide die Auffassung, dass dieses vom Menschen produzierte CO_2 nicht bzw. nicht in dem Ausmaß, wie vom Intergovernmental Panel on Climate Change angenommen, schuld am bisherigen und kommenden Anstieg der globalen Temperatur ist (SPIEGEL 2001 & 2013). Weitere wissenschaftliche Theorien zweifeln selbst den Anstieg der atmosphärischen CO_2-

Konzentration durch anthropogene Prozesse an, wird in dieser Untersuchung jedoch aufgrund der zu geringen Zustimmung von Wissenschaftlern nicht weiter behandelt.

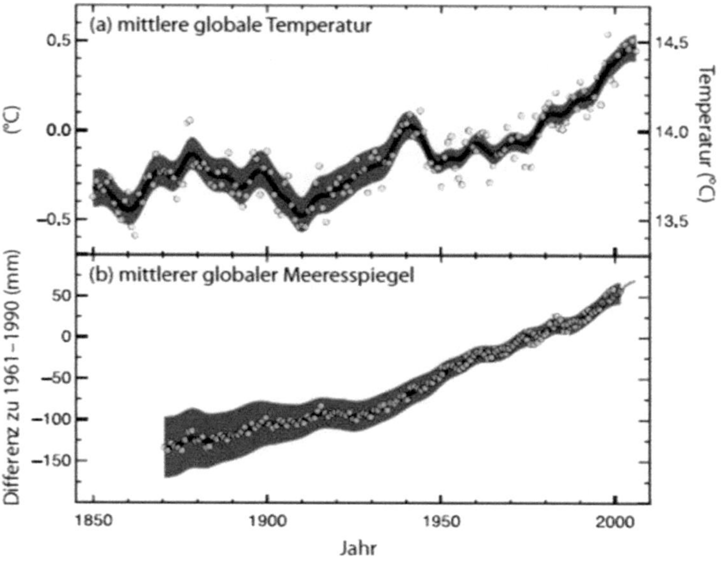

Abbildung 4: Temperatur- und Meeresspiegelanstieg seit 1850 (IPCC 2007)

Demnach geht die Erhöhung der globalen Temperatur, laut des Berichtes des IPCC, mit dem Anstieg des Meeresspiegels einher, wobei die Korrelation beider Diagramme nicht komplett übereinstimmen und somit Diskussionsbedarf besteht. Parallel dazu treten auch Klimaextreme, wie zum Beispiel Temperaturanomalien im pazifischen Ozean (El Niño-Ereignisse[9]), vermehrt auf (IPPC 2001, 2007). Seit 1950 gibt es einen deutlichen Anstieg an Schäden durch Naturkatastrophen. Im Rekordjahr 2011[10] waren 90 % der 820 schadensrelevanten Ereignisse wetterbedingt und tragen mit einem Schaden von rund 127 Mrd. US$ ein Drittel zum gesamtwirtschaftlichen Schaden bei (MUNICH RE 2012).

Laut übereinstimmender Literatur rechnen Wissenschaftler auch in Zukunft mit einer zunehmenden Häufung von Extremwetterphänomenen, wie Hochwasser, Überschwemmungen, Stürme oder auch starken Dürren aufgrund von ungewöhnlich starker Strahlungsintensität. Diese wird bedingt durch den Anstieg des CO_2-Gehalts in der Atmosphäre und dessen Auswirkungen auf das Weltklima. Um verlässliche Vorhersagen zur Geschwindigkeit von Klimaänderungen zu machen, ist es notwendig, ein verbessertes Verständnis zum Kohlenstoffkreislauf zu erlangen, um das System Erde besser verstehen zu können (KÖRTZINGER 2011).

---

[9] Ungewöhnliche, nicht zyklische Strömungsänderungen in äquatornähe des Pazifiks

[10] Höchste Schäden durch Naturkatastrophen aller Zeiten (380 Mrd. US$ weltweit)

3.1.1 *Natürlicher Kohlenstoffkreislauf und CO_2-Senken*

Der globale Kohlenstoffkreislauf, mit ca. 75 Millionen Gt Kohlenstoff[11] (SCHOLZ 2012), ist ein System zusammenhängender und homogener Bereiche in der Umwelt. Zwischen diesen Bereichen, die alle über die Atmosphäre miteinander verbunden sind, gibt es einen ständigen und enormen Austausch an Kohlenstoffdioxid zwischen allen Sphären. In diesem Zusammenhang wird zwischen Kohlenstoffsenken und Kohlenstoffspeicher unterschieden. Letztere sind statisch, sprich sie haben das Potential, eine gewisse Menge an CO_2 zu binden. Die Senken hingegen sind dynamische Reservoire, die Kohlenstoff dauerhaft oder zeitweilig aufnehmen und speichern und zumindest in der Biosphäre an Aufnahmepotential gewinnen können (THÜRIG ET AL. 2008). In beiden können Stoffe in verschiedenen, chemische Bindungsformen (organische oder anorganische Verbindung) und in verschiedenen Aggregatzuständen vorliegen. Die Kreisläufe zwischen den Sphären werden als Kohlenstoffflüsse dargestellt. Dabei werden Stoffe von einem in den anderen Speicher transportiert, wobei es oft zur Änderung des Aggregatzustandes oder der chemischen Bindungsform kommt. Das Ausmaß dieses Stoffflusses über einen bestimmten Zeitraum wird als Flussrate bezeichnet und über die Menge je Zeitintervall definiert. Der Kohlenstoffgehalt der Atmosphäre lag im Jahr 2007 bei ca. 765 Gt (IPCC 2007). Da der Kohlenstoffgehalt nur durch rechnerische Methoden bestimmt werden kann, variieren diese Werte je nach Quelle. So gibt die NASA (2011) einen Wert von 750 Gt, Staab (2009) 790 Gt und Scholz (2012) 720 Gt an. Der in der Biosphäre gespeicherte Kohlenstoff beläuft sich auf 2.400 Gt (inklusive Böden) und die Ozeane beherbergen ungefähr 39.000 Gt. Den größten Kohlenstoffvorrat bildet mit 75 Millionen Gt die Lithosphäre. Sedimentgesteine sind hier die kohlenstoffreichsten Gesteinsarten (NASA 2011, IPCC 2007, WATSON et. al 2000). In der nachfolgenden Tabelle 3 sind die einzelnen Sphären mit den jeweiligen Reservoiren und deren Anteil an der gesamten Menge des globalen Kohlenstoffs aufgelistet. Hierbei erkennt man die deutliche Dominanz der Lithosphäre und das riesige Potential der Meere im Vergleich zu der Atmosphäre und der Biosphäre, die den kleinsten Speicher darstellt. Da jedoch die Pedosphäre ein untrennbares System zur Biosphäre darstellt, werden diese Sphären oft auch als ein gesamter Komplex dargestellt.

[11] 1 t C ≙ 3,667 t CO_2

Tabelle 3: Kohlenstoffmengen der verschiedenen Speicher (erstellt nach Daten von NASA 2011, IPCC 2007, STAAB 2009, SCHOLZ 2012)

Sphäre	Form	Kohlenstoffmenge [Gt][12]
Atmosphäre	Kohlenstoffdioxid (99,5 %), Methan (0,45 %) Kohlenmonoxid (0,05 %), FCKW (< 0,01%)	756
Bio-/Pedosphäre	Organische Verbindungen in terrestrischen bzw. marinen Organismen	655
(Boden)	Tote Biomasse (Humus, Torf)	1.540
Hydrosphäre	Hydrogencarbonat (94 %), Carbonat (5 %), Kohlenstoffdioxid (1 %)	37.000
Lithosphäre	Carbonate: Calcit, Dolomit	60.000.000
Sediment	Kerogen	15.000.000
	Gashydrate	10.000
Fossile Brennstoffe	Kohle, Erdöl, Erdgas	4.100
Gesamt		**75.054.051**

Man unterscheidet den Kohlenstofffluss nach der jeweiligen Verweildauer des Kohlenstoffs in einem Speicher. Während in der Lithosphäre der Kohlenstoff nur sehr langsam durch chemische Prozesse umgesetzt wird und die Verweildauer bis zu Millionen von Jahren beträgt, laufen biologische Umsetzungen weitaus schneller ab. Diese reichen von Sekunden über Tage bis Jahrtausende. Stark abhängig sind die Kohlenstoffflüsse auch vom jeweiligen Ökosystem, sowie den aktuellen Umweltbedingungen. Die Stoffkreisläufe werden durch die zeitlich und räumlich variierende Energiezufuhr der Sonne in Form von Strahlung, sowie dem geothermischen Wärmefluss im Erdinneren angetrieben (AUSFELDER 2011).

3.2 Wissenschaftliche Unklarheiten

Obwohl bereits sehr detailliertes Wissen über die Kohlenstoffflüsse zwischen den Reservoiren und den Erzeugern vorhanden ist, wirft der Kreislauf für die Wissenschaftler dennoch einige Fragen auf. Als Beispiel in Abb. 5 werden durch das Verbrennen fossiler Rohstoffe (5,5 Gt C) und durch Rodung oder ähnlichen Landnutzungsänderungen (1,6 Gt C) insgesamt 7,1 Gt C in die Atmosphäre befördert. Messungen des atmosphärischen CO_2-Gehaltes seit 1957 deuten an, dass pro Jahr von den 7,1 Gt von Menschen verursachtem Kohlenstoff ungefähr 3,2 Gt in der Atmosphäre verbleiben, was schlussendlich zum Anstieg des CO_2-Anteils führt (NASA

[12] Mittelwert aus verschiedenen Quellen

2011). Weiterhin werden 2 Gt C in den Ozeanen gelöst. Demnach ist nicht nachgewiesen was mit den restlichen 1,9 Gt Kohlenstoff passiert ist. Es gibt verschiedene Vermutungen über den Verbleib des Restanteils an Kohlenstoff. Es wird theoretisch angenommen, dass Landoberflächen mehr CO_2 aufnehmen, als freigesetzt wurde. Beispielsweise könnten während des letzten Jahrhunderts nachgewachsene Wälder in der nördlichen Hemisphäre (seit der massiven Rodung) teilweise für das Fernbleiben des restlichen Kohlenstoffs von der Atmosphäre verantwortlich sein. Fakt ist, dass die Problematik von fehlendem Kohlenstoff sich in ihrer ganzen Komplexität innerhalb der biogeochemischen[13] Kreisläufe widerspiegelt, besonders in den Prozessen, in denen lebende Organismen eine wichtige Rolle spielen. Dies zeigt die Wichtigkeit auf, diese Prozesse zu verstehen, die für Kohlenstoffquellen und -speicher verantwortlich sind und um in Zukunft auch das Verhalten dieses Kreislaufes vorherzusagen (NASA 2011). Denn es ist fraglich, ob die Kohlenstoffsenken auch noch in Zukunft helfen werden, den Kohlenstoff zu lagern oder das System irgendwann kollabiert und aufhört Kohlenstoff zu speichern oder es sogar wieder freisetzt.

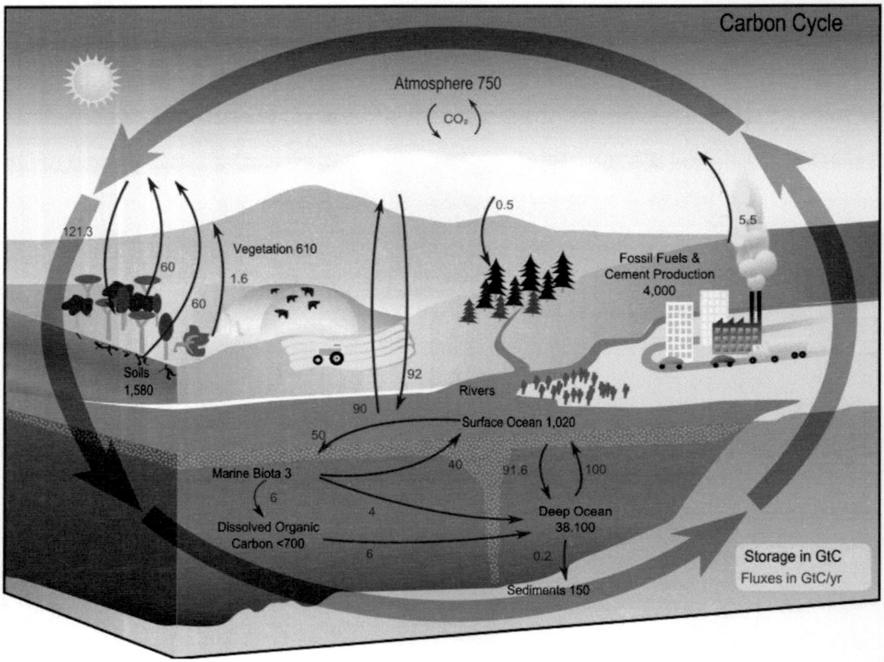

Abbildung 5: Kurzfristiger Kohlenstoffkreislauf (NASA 2011)

[13] Umfassen die Gesamtheit aller biologischen, chemischen und physikalischen Prozesse, durch die spezifische Elemente oder ihre chemischen Verbindungen im System Erde umgesetzt werden

3.3 Kurzfristiger Kreislauf

CO_2 verweilt am Kürzesten in der Atmosphäre und der Pedosphäre, gefolgt von der Hydrosphäre. Kurzfristig ist hier darüber definiert, dass die Prozesse in relativ kleinen Zeitintervallen ablaufen, die von einigen Sekunden bis zu einigen Tausend Jahren andauern können. Die Flussraten des Kohlenstoffs sind im Verhältnis zu der geringen Größe der einzelnen Speicher sehr hoch (STAAB 2009). In Abbildung 5 ist der kurzfristige Kohlenstoffkreislauf visuell dargestellt. Die maßgebenden Prozesse sind hier die Photosynthese und Atmung in der Bio- (Pflanzen und Böden) und Hydrosphäre (Algen), sowie der physikalische Austausch von CO_2 zwischen Luft und Wasser durch Diffusion. Die blauen Zahlen geben an, wie viel Kohlenstoff zwischen den einzelnen Reservoiren pro Jahr ausgetauscht wird. Die schwarzen Zahlen beschreiben den Gesamtspeicher des Kohlenstoffes.

3.3.1 Biosphäre

Kohlenstoff stellt mit seinen organischen Verbindungen das Grundelement aller Organismen dar. Der ständige Austausch des Kohlenstoffs erfolgt vor allem durch die Photosynthese und Respiration. Diese Prozesse treiben einen Kohlenkreislauf an, was im Wesentlichen über das gasförmige Kohlenstoffdioxid läuft. Diese biochemischen Prozesse sind sehr bedeutsam für den Kohlenstoffhaushalt der Atmosphäre, da sie, im Vergleich zu den Prozessen in Hydro- und Lithosphäre, weitaus schneller ablaufen und bestimmen so maßgebend die CO_2-Konzentration in der Atmosphäre (ETHZ 2003). Algen, Bakterien und vor allem grüne Pflanzen produzieren mit Hilfe von Sonnenenergie (in Form von Licht), wie in Formel 3 dargestellt, aus atmosphärischem Kohlenstoffdioxid und Wasser, Sauerstoff und organisches Material.[14] Als Beispiel eines organischen Produktes dient die Brutto-Reaktionsgleichung für die oxygene Photosynthese (siehe Formel 4), zur Bildung des Produktes „Glukose".

$$CO_2 + H_2O \rightarrow CH_2O + O_2$$

Formel 3: Allgemeine Formel Photosynthese und Bildung org. Kohlenstoffs

$$6CO_2 + 12H_2O \rightarrow C_6H_{12}O_6 + 6O_2 + 6H_2O$$

Formel 4: Beispiel Photosynthese mit Bildung von Glukose

Landpflanzen entziehen der Atmosphäre jährlich ca. 122 Gt C (STAAB 2009) (ca. 16 % des atmosphärischen Kohlenstoffs). Davon werden durch Atmung ca. 60 Gt C in Form von CO_2 abgeben (STAAB 2009). Die restlichen 62 Gt werden vorrübergehend als organisches Produkt (siehe Formeln) gebunden, welche zum Teil von pflanzenfressenden Organismen genutzt werden. Diese Biomasse wird zum größten Teil durch heterotrophe Bakterien mineralisiert und durch Respiration wieder in Form von CO_2 an die Atmosphäre abgegeben (60 Gt C). Weitere

[14] Neben dem atmosphärischen Kohlenstoff wird auch, für den Aufbau der Pflanze, höherwertigerer Kohlenstoff aus dem Boden bezogen

1,6 Gt C werden durch Waldbrände und Rodung wieder freigesetzt. Nur ein geringer Teil von ca. 2 Gt C wird durch die Bildung von Humus gebunden und gelangt so in den langfristigen Kreislauf (NASA 2011). Den größten Anteil des, in Pflanzen gebundenen, Kohlenstoffs enthält mit 75 % das Holz der globalen Wälder (WATSON et al. 2000). Seit dem Anfang der Industrialisierung hat die Biosphäre aufgrund der Rodungen ca. 39 Gt an Kohlenstoff verloren. Dieser nimmt jedoch durch Aufforstung derzeit wieder stetig zu (IPCC 2007). Die Auswirkungen eines ansteigenden atmosphärischen CO_2-Gehalts auf die Biosphäre werden in diversen Studien untersucht. Einige davon verwendeten die FACE-Technik[15] für ihre Untersuchungen, bei der Pflanzen gezielt einem höheren CO_2-Gehalt ausgesetzt wurden. Die Versuche ergaben verschiedene Reaktionen der Pflanzen bei wechselnden Temperaturen. Demnach sank die Produktion der Biomasse bei einer doppelten CO_2-Konzentration um 60 %, sobald die Temperatur unter 12 °C lag. Bei einer Temperatur von 18,5 °C blieb die Biomasseproduktion im Vergleich zu natürlichen Bedingungen unverändert und ab einer Temperatur von 18 °C bis 34 °C stieg die Biomasseproduktion um 30 % bis auf 130 %. Vermutet wird, dass Pflanzen eine Art „Schwellentemperatur" besitzen, die bei einer CO_2-Verdopplung und einer Über- oder Unterschreitung dieser Temperatur mit einer Zu- bzw. Abnahme der Photosynthesereaktion reagiert. Weiterhin blockiert mehr CO_2 das Enzym Rubisco, was für die Photorespiration, der Gegenreaktion zur Photosynthese, verantwortlich ist. Dadurch verringert sich die Pflanzenatmung, sodass weniger CO_2 an die Atmosphäre zurückgegeben wird. Bei 600 ppm Kohlenstoffdioxid schwächt sich diese Reaktion ab, abhängig von der Pflanzenart, auf bis zu 50 %. So fungiert CO_2 als eine Art Dünger für die Pflanze. Durch die Anregung der Photosynthese wird mehr Kohlenstoff zu organischen Produktion umgesetzt und somit die Biomasse vermehrt, was dazu führt, dass mehr CO_2 der Atmosphäre entnommen wird und die Biosphäre als CO_2-Senke wirkt (LUCIUS et al. 2005). Im Gießener Freiland-Experiment, welches Mitte der 1990er Jahre startete, kamen Wissenschaftler jedoch zu der Erkenntnis, dass Pflanzen keinen zusätzlichen Beitrag zur Reduzierung von CO_2 aus der Atmosphäre leisten können. In diesem Experiment erhöhte man die CO_2-Konzentration um 20 %[16]. In 10 Jahren, in denen das Experiment lief, konnte lediglich eine Ertragssteigerung von 7,2 %, im Vergleich zur Ausgangssituation festgestellt werden. Zwar wird der Atmosphäre kurzfristig CO_2 entzogen, jedoch muss für eine dauerhafte Speicherung das Kohlenstoffdioxid im Ökosystem (z.B. in stabilen Böden) gebunden werden. Weiterhin ist die Abgaberate des CO_2 in der Nacht deutlich gestiegen, sodass das Kohlendioxid schnell wieder in die Atmosphäre gelang. Eine weitere Erkenntnis der Forschung war die Beobachtung, dass das Ökosystem 10 bis 15 % des Bodenkohlenstoffes verlor (GRÜNHAGE ET AL. 2009).

[15] Einbezug eines Testareals, welches von Rohrleitungen umgeben ist, um ein bestimmtes atmosphärisches CO_2-Niveau zu imitieren
[16] Erwartete Konzentration zwischen 2030 und 2040

Im Projekt ATEAM (Advanced Terrestrial Ecosystem Analysis and Modelling) wurden mehrere Szenarien erstellt, wie sich die Vegetation auf den ansteigenden Kohlenstoff in der Atmosphäre einstellt. Wie in Abbildung 6 zu erkennen ist, weisen alle Szenarien eine Nettokohlenstoffbilanz zum Referenzwert 1990 auf. Durch erhöhte Temperatur und Anstieg des CO_2-Gehaltes nehmen die Pflanzen auch mehr

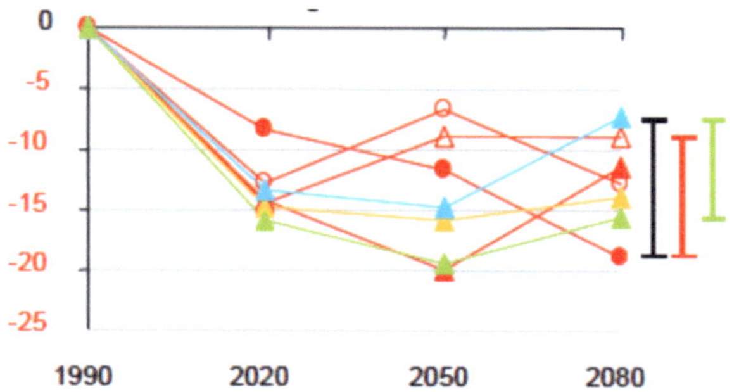

Abbildung 6: Veränderung der Nettokohlenstoffbilanz (UBA 2005)

Kohlenstoff auf und setzen es in Biomasse um. Bis 2050 hält dieser Trend vor allem in den Szenarien mit besonders hoher CO_2-Konzentration und Temperatur an. Voraussetzungen für die zusätzliche Biomasseproduktion sind jedoch, dass auch alle weiteren Umweltfaktoren, wie ausreichend Bodennährstoffe, genügend Wasser und Sonnenenergie, vorhanden sind (UBA 2005). Nach Erreichen des Sättigungsniveaus verringert sich das Potential der Senken wieder. Dies ist dadurch bedingt, dass besagtes Pflanzenwachstum mit dem Erreichen des Niveaus, selbst bei weiterem CO_2-Anstieg, keine weiteren Steigerungen mehr erzielen kann. Weiterhin wird durch die gestiegene Zersetzung von Bodenkohlenstoff bei höheren Temperaturen auch mehr Kohlenstoff aus dem Boden freigesetzt und zu CO_2 oxidiert. Demnach könnten sich langfristig die einstigen CO_2-Senken zu CO_2-Quellen entwickeln (UBA 2005).

Jedoch hat eine höhere CO_2-Konzentration nicht nur Einfluss auf die Pflanzenwelt, sondern gestaltet auch direkt den Kohlenstoffdioxidgehalt der Atmosphäre mit. Dabei lässt dies meist wieder auf Eingriffe des Menschen in die Natur zurückführen, da durch diverse Studien bereits belegt wurde, dass der Wandel in der Landnutzung und der damit verbundenen Vegetationswechsel direkten Einfluss auf das Klima hat. So erhöht oder verringert sich beispielsweise der regionale Sommer- und Winterniederschlag beim Übergang von „potentiell natürlicher Vegetation" zur „real existierenden Vegetation" um bis zu 20 % (HECK et al. 2001). Nach IPCC-Szenarien sind demnach die durch Land- bzw. Vegetationsänderungen erzeugten Klimaänderungen Folgen der gestiegenen Kohlenstoffdioxidkonzentrationen (MOSBRUGGER 2011).

3.3.2 Hydrosphäre

Die Ozeane sind in ihrer Reaktionsgeschwindigkeit zwar recht träge, werden jedoch zu den kurzfristigen Kreisläufen gezählt. Die Ozeane bedecken ca. 71 % der Oberfläche des Planeten und sind die wichtigsten Aufnahmesysteme für das anthropogene Kohlenstoffdioxid. Die Hydrosphäre stellt unter den schnellen untereinander austauschenden Kohlenstoffspeichern mit Abstand das größte Reservoir dar. Zwischen der Atmosphäre und der Wasseroberfläche gibt es einen ständigen CO_2-Austausch. So entziehen die Ozeane der Atmosphäre in der Nettorechnung jährlich ca. 1,7 Gt CO_2 (IPCC 2001). Seit dem Beginn der Industrialisierung hat sich so der Kohlenstoffgehalt im Ozean um 118 Gt erhöht (IPCC 2007). Meerwasser besitzt eine sehr hohe Aufnahmekapazität für weiteres CO_2. Dies ist bedingt durch den Chemismus des marinen CO_2-Systems (siehe Formel 2: Dissoziationsgleichung CO_2 in Wasser), welcher durch eine Pufferwirkung der Carbonat-Ionen im Wasser charakterisiert ist. Diese machen ca. 10 % des gelösten, anorganischen Kohlenstoffs aus. Die hohen Kapazitäten werden längerfristig (mehrere Jahrhunderte lang) dazu führen, dass das geochemische Gleichgewicht zwischen Ozean und Atmosphäre ungefähr 80 % aller anthropogenen Kohlenstoffemissionen im Ozean binden wird. Zu diesen 80 % addieren sich auf lange Sicht (mehrere Jahrtausende lang) weitere 15 %, die auf die Bindung des Kohlenstoffes durch Tiefsee-Kalksedimente zurückzuführen sind. Aufgrund des sehr schnellen Anstiegs von atmosphärischem Kohlenstoff und der relativ langsamen Aufnahmegeschwindigkeit durch die Ozeane ergibt sich ein Ungleichgewicht, in welchem die Ozeane mit ihrer Aufnahmekapazität stark in den Rückstand geraten und das meiste anthropogene CO_2 in der Atmosphäre nicht aufnehmen können (KÖRTZINGER 2011).

Durch die Erwärmung der Luft und den damit verbundenen Anstieg der Oberflächentemperatur des Meeres, verringert sich auch die Löslichkeit des atmosphärischen Kohlenstoffdioxids im Meer. Dies bedeutet, dass sich ein Teil des gebundenen CO_2 aus den Ozeanen wieder löst, in die Atmosphäre abgegeben wird und so ein Nettorückfluss entsteht (IPCC 2007).

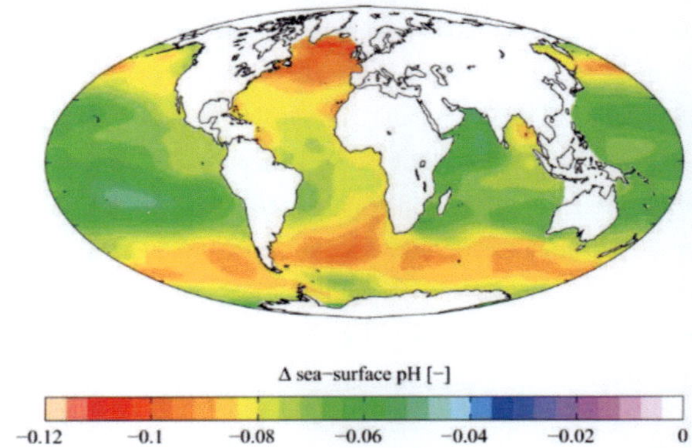

Abbildung 7: Differenz pH-Wert der Meeresoberflächen (PLUMBAGO 2009)

Daraus kann eine Einteilung der Weltmeere in Gebiete mit hohem bzw. positivem und niedrigem bzw. negativem CO_2-Bindungspotential abgeleitet werden. Demnach liegt das Potential der CO_2-Löslichkeit in kälteren Regionen, wie bspw. in den groben Nord- und Südpolregionen, höher als in Regionen mit relativ warmen Wasserströmen, wie dem Humboldt-Strom im Pazifik, bei dem CO_2 aufgrund der erhöhten Temperatur übersättigt ist und an die Atmosphäre abgegeben wird (PLUMBAGO 2009).
Durch einen erhöhten CO_2-Anteil im Wasser und daraus resultierend eine höhere Kohlensäurebildung, sinkt auch der pH-Wert. Demnach ist der pH-Wert in den beschriebenen, kälteren Regionen kleiner (gelb bis orangene Bereiche) als in den warmen Regionen (blau bis grüne Bereiche), in denen weniger CO_2 gebunden bzw. sogar abgegeben wird (siehe Abbildung 7). In den kälteren Regionen kommt es auf Dauer damit zu einer Übersäuerung des Ozeans, was sich wiederum auf die regionalen Meerestiere und -pflanzen auswirken kann.
Das, aus der Atmosphäre stammende, CO_2 löst sich zum einen durch Diffusion an der Wasseroberfläche physikalisch im Meerwasser. Die Lösungsrate ist dabei abhängig von der Wassertemperatur und des vorherrschenden Partialdrucks des Kohlenstoffdioxids. Zum anderen wird durch die Photosynthese von Pflanzen und Photosynthese betreibende Lebewesen CO_2 in Zucker umgewandelt, welcher als Ausgangssubstanz für andere organische Kohlenstoffverbindungen dient. Ein Teil dieser Verbindungen wird von Organismen abgegeben und im Wasser gelöst. Durch ständige vertikale Wasserbewegungen transportiert absinkendes Wasser die Kohlenstoffverbindungen in tiefere Wasserregionen. Durch hohe Wasserdrücke verweilen die Kohlenstoffe längere Zeit in diesen Regionen. Weiterhin sinken absterbende Organismen sowie Produkte der Meerestiere auf den Grund des Ozeans und werden dort abgelagert, was zur langfristigen Speicherung von CO_2 beiträgt. Durch diese Prozesse werden jährlich zwischen 1,4 und 2 Gt Kohlenstoff in der CO_2-Senke „Ozean" gespeichert (KÖRTZINGER 2011).

3.3.3 Atmosphäre

Die Atmosphäre stellt den kleinsten Kohlenstoffspeicher dar, was auch gleichzeitig bedeutet, dass der Kohlenstoffgehalt der Atmosphäre besonders empfindlich auf Änderungen der C-Flussraten reagiert. Weiterhin besitzt die Atmosphäre sehr hohe Flussraten, vor allem zur Bio- und Hydrosphäre. Seit der letzten Eiszeit im Holozän, hat sich die atmosphärische Kohlenstoffdioxidkonzentration bis zum Anfang der Industrialisierung nur geringfügig verändert. Damals stieg der CO_2-Anteil in der Atmosphäre von 260 auf 280 ppm (KÖRTZINGER 2011). Für diesen Zeitraum ist die Konzentration sehr stabil gewesen und lässt so darauf schließen, dass sich der Kohlenstoffkreislauf vor dem anthropogenen CO_2-Ausstoß seit dem 19. Jahrhundert in einem Fließgleichgewicht mit der Atmosphäre befand. Heute werden pro Jahr ca. 8 Gt (davon 5,5 Gt durch das Verbrennen fossiler Rohstoffe und der Zementherstellung) durch Menschen verursachter Kohlenstoff in die Atmosphäre gegeben

(KÖRTZINGER 2011) und somit allein jedes Jahr die CO_2-Konzentration um ca. 2 ppm angehoben CO_2NOW 2013. Durch Speicherung in den einzelnen Sphären, ergibt sich so ein jährlicher Nettozuwachs an CO_2 von ca. 3,3 Gt (IPCC 2007). Durch verschiedene geologische Prozesse, wie beispielsweise Vulkanaktivitäten, wird dieser Wert nur geringfügig beeinflusst. Zum größten Teil ist der hohe Anstieg dem anthropogenen Ausstoß von CO_2 durch Verbrennung fossiler Kraftstoffen, der Herstellung von Zement und Stahl sowie Änderungen der Landnutzung und Brandrodungen von Wäldern zuzuschreiben. So ist seit Beginn der Industrialisierung der Gehalt von Kohlenstoff in der Atmosphäre um ca. 39% (165 Gt) gestiegen (IPCC 2007).

3.4 Langfristiger Kreislauf

Die Lithosphäre gehört zum System der langfristigen Kohlenstoffkreisläufe. Obgleich die Lithosphäre aufgrund der langen Verweildauer keine kurzfristigen Auswirkungen auf den Kohlenstofffluss und somit eine nur sehr kleine Flussrate hat, gehört ihr Einfluss dennoch zum Gesamtsystem des Kreislaufes.

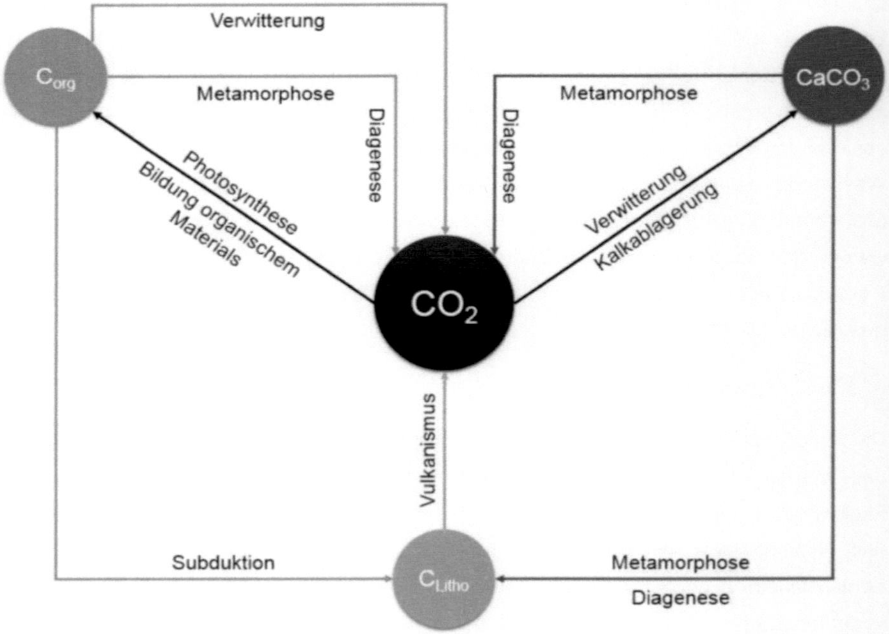

Abbildung 8: Modell langfristiger Kohlenstoffkreislauf (erstellt nach BERNER 2003)

Durch verschiedene Prozesse, besonders durch die geochemischen (siehe Abbildung 8), leistet die Lithosphäre langfristig einen entscheidenden Beitrag zur Regulierung des globalen Kohlenstoffsystems. Auf natürliche Weise spielt die Lithosphäre als CO_2-Senke dennoch keine entscheidende Rolle, da die kurzfristige Verwertung und Speicherung des schnell ansteigenden, anthropogenen Kohlenstoffs nicht gegeben ist. Die wichtigsten Austauschprozesse zwischen der Litho- und Atmosphäre sind Sedimentation, Diagenese, Verwitterung und Vulkanismus, welche schematisch in Abbildung 8 dargestellt werden (Staab 2009).

3.4.1 Lithosphäre

Die Lithosphäre ist der größte Kohlenstoffspeicher im langfristigen Kreislauf. Diese unterteilt sich in die Sedimentgesteine (Carbonate), Kerogene[17], welche die häufigsten in der Erde vorkommenden organischen Kohlenstoffe sind, Gashydrate sowie fossile Brennstoffe, wie Kohle, Erdöl und Erdgas. Trotz eines Gesamtumfanges von 99,95 % ist sie nur über geologische Zeiträume in der Lage, CO_2 aus der Atmosphäre zu binden. Da der Kohlenstoffdioxidgehalt in der Luft im Vergleich zu geologischen Skalen sehr rapide ansteigt, ist diese Sphäre aufgrund seiner Kinetik nicht in der Lage, diese besonderen Umweltbedingungen abzufangen und auszugleichen, obgleich ein ständiger Kohlenstoffaustausch stattfindet. Anhand der Verwitterung von Silikatgesteinen wird CO_2 in Calciumkarbonat gebunden. Dies geschieht in mehreren Schritten. Durch Abregnen wird CO_2 aus der Luft gewaschen. Das H_2O und das CO_2 reagieren mit Calciumsilikat zu Siliziumdioxid, Hydrogencarbonat-Ionen (erste Dissoziationsstufe der Kohlensäure, siehe Formel 2), sowie Calcium-Ionen.

$$CaSiO_3 + 2CO_2 + H_2O \rightarrow Ca^{2+} + 2HCO_3^- + SiO_2$$

Formel 5: Verwitterung von Gesteinen auf dem Festland

Anschließend transportiert der kontinentale Wasserkreislauf die gelösten Kationen ins Meer. In einer wässrigen Lösung reagiert hier das Calcium mit dem Hydrogencarbonat zu Wasser und Kohlenstoffdioxid, sowie zu Carbonat (in diesem Beispiel: Kalk).

$$Ca^{2+} + 2HCO_3^- \rightarrow CaCO_3 + CO_2 + H_2O$$

Formel 6: Ablagerung von Kalk im Meer

Wenn sich CO_2 in Wasser löst, entsteht Kohlensäure. Diese reagiert mit natrium- und kaliumhaltigem Silikat oder Calcium, Magnesium- und Eisencarbonat, sowie mit Silikatmineralen zu Bicarbonationen.

Durch Prozesse der Metamorphose im Erdinneren wird das CO_2 wieder freigesetzt und gelangt durch Vulkanausbrüche oder heiße Quellen auf dem Meeresgrund wieder in den Kreislauf (THIERSTEIN 2004).

---

[17] Polymer-organisches Material, was sich durch Holz, verwesten Algen und Bakterien unter Druck und hohen Temperaturen gebildet hat; kommt in Sedimentgesteinen vor

4 Künstliche Verfahren zur Reduzierung von CO_2 aus der Luft

4.1 „Düngung" der Kohlenstoffsenken

Da die Wichtigkeit von natürlichen Senken für die Reduzierung von CO_2 aus der Atmosphäre und der dauerhaften Speicherung erkannt wurde, gibt es die Überlegung, ausgewählte Areale, wie Wälder, Böden und Moore mit Kohlenstoffdioxid zu „düngen". Dies hätte den Effekt, dass, Pflanzen den Kohlenstoff für das Wachstum umsetzen und somit auf lange Sicht im Boden dauerhaft speichern. Wie bereits in Kapitel 3.3.1 beschrieben, laufen derzeit Experimente zu diesen Überlegungen. Für den Großeinsatz einer solchen Senkendüngung ist es jedoch erforderlich, großflächig die Speicherkapazitäten durch land- und forstwirtschaftliche Maßnahmen zu erhöhen. Während dies auf kleinen Flächen, die für die experimentelle Erprobung verwendet werden, kein Problem darstellt, ist großflächig mit Einschränkungen in der Landnutzung zu rechnen. Ferner stellt sich die Frage, ob die als CO_2-Speicher angedachten Böden noch zur landwirtschaftlichen Nutzung betrieben werden können. Weiterhin gehört das pflanzlich gespeicherte CO_2, wie bereits beschrieben, zu den kurzzeitigen Kohlenstoffkreisläufen und wird erst auf Dauer fest gelagert, wenn es im Boden gespeichert wird. Die Wahrscheinlichkeit, dass das kurzfristig in den Pflanzen gespeicherte CO_2 wieder freigesetzt wird, ist demnach sehr hoch. Aufgrund der geringen Erfolgsversprechen wird das Düngen von Senken, wie zum Beispiel landwirtschaftlicher Flächen, mit CO_2 keine nachhaltige und signifikante Maßnahme zur Reduzierung von Kohlendioxid aus der Atmosphäre sein (IPCC 2005).

4.2 Technische Methoden

Im Projekt „Direct Air Capture", kurz DAC, wurde über einen Zeitraum von zwei Jahren das Konzept der direkten Abscheidung von CO_2 aus der Luft getestet. Dabei wird Umgebungsluft angesogen und das enthaltene CO_2 mithilfe chemischer Bindemittel als Calciumcarbonat gebunden. Der zum Binden verbrauchte Stoff muss in einem weiteren Schritt erwärmt werden, um diesen erneut als Bindemittel nutzen zu können, was einen energetischen Aufwand bedeutet. Das CO_2-freie Gasgemisch gelangt nach der Prozessreihe wieder in die Atmosphäre (APS 2011). Trotz Konzepte zur Umsetzung dieser Methoden ist aufgrund der geringen Konzentration von CO_2 in der Luft, der spezifische Aufwand, diesen abzuscheiden, zu groß und stellt keine sinnvolle Option dar, sofern diese nicht über natürliche und automatische Prozesse durch Bildung von Biomasse oder durch Lösung im Ozean erfolgt (UBA 2006a). Technisch ist diese Methode bereits umsetzbar, jedoch ist die Effizienz bisher keineswegs ausreichend. Weiterhin sind die Kosten ca. zehnmal höher, das CO_2 aus der Luft zu binden, im Vergleich es direkt an großen Emittenten, wie Kraftwerken abzufangen und zu speichern, weswegen diese Methode als Option gegen den Klimawandel, zumindest in diesem Jahrhundert, keine Rolle spielen wird (APS 2011).

5 Dauerhafte Reduzierung von CO_2-Emissionen

Die Industriesparten Chemie, Energie, Stahl, Beton und Papier erzeugen allein 50 % des weltweit emittierten anthropogenen CO_2. Dabei ist der komplette Verkehrssektor von CO_2-einsparenden Maßnahmen befreit (ALTEMEIER 2013). Weiterhin werden jedes Jahr allein in Deutschland durch fossile Kraftwerke ca. 350 Millionen Tonnen CO_2 in die Atmosphäre ausgestoßen (IZ KLIMA 2010). Obgleich Deutschland zu den führenden und antreibenden Kräften im Klimaschutz gehört, wird auch in Zukunft der Großteil des deutschen Stroms durch das Verbrennen von fossilen Rohstoffen erzeugt. Das liegt zum einen daran, dass der Bedarf an Energie stetig weiter wächst und zum anderen, dass mit dem Beschluss des Ausstiegs aus der Atomenergie ein großes Energiedefizit entsteht, welches ohne den fossilen Strom kurzfristig nicht kompensiert werden kann. Da die bisherigen Techniken und Kapazitäten zur Gewinnung von sogenanntem grünem Strom aus erneuerbaren Energiequellen nicht ausreichen um den Bedarf Deutschlands zu decken, wird davon ausgegangen, dass in naher Zukunft bereits abgeschaltete Kohlekraftwerke wieder in Betrieb genommen oder neue, effizientere Kraftwerke gebaut werden. Derweil werden in der Bundesrepublik acht neue Stein- und Braunkohlekraftwerke gebaut sowie drei weitere geplant (BUND 2012).
Um diese Energie dennoch weitestgehend klimaneutral erzeugen zu können, bedarf es, neben nationalen und internationalen politischen Regelungen, Gesetzen und Engagements, neuer Technologien, die sowohl in neuen Kraftwerken vorinstalliert, aber auch klimaeffizient in bereits bestehenden Kraftwerken nachgerüstet werden können.

5.1 Politische Maßnahmen

Politische Maßnahmen, die Firmen dazu bewegen sollen den CO_2-Ausstoß zu reduzieren, zeigten sich nur wenig wirksam, da die CO_2-intensive Produktion durch Zweigstellen der Firmen ins Ausland ausgelagert wurden. Die nationalen Reduzierungsgesetze sind in diesen Ländern nicht übergreifend bindend (ALTEMEIER 2013). Die erste politische Maßnahme einer internationalen Staatengemeinschaft zum Entgegenwirken des Klimawandels war das, im Dezember 1997 beschlossene, Kyoto-Protokoll als Zusatzprotokoll zur Klimarahmenkonvention der Vereinten Nationen (UNFCCC). Darin bekannten sich die Industriestaaten zu ihrer historischen Verantwortung für die Erderwärmung. Im Kyoto-Protokoll wurden verbindliche Ziele und Maßnahmen festgelegt, wie beispielsweise in der ersten Verpflichtungsperiode zwischen 2008 und 2012 den Treibhausgasausstoß um 5,2 % gegenüber dem Referenzwert von 1990 zu senken. In Kraft trat das Protokoll nach langen Verhandlungen im Jahre 2005, wobei die USA als größter Verursacher von Treibhausgasen das Protokoll bisweilen noch nicht ratifiziert haben. Die aufsteigenden Nationen China und Indien, dessen Emissionen in den letzten Jahrzehnten weltweit am stärksten gestiegen sind, haben das Kyoto-Protokoll zwar ratifiziert, jedoch keine konkreten CO_2-Minderungsziele zugesagt (IZ KLIMA 2010). Bis Anfang 2011 haben 193 Staaten sowie die Europäische Union das Kyoto-Protokoll ratifiziert. Da das Kyoto-Protokoll 2012 auslief, sollte schon frühzeitig eine Lösung über den weiteren Verlauf geschaffen werden. Als Folge konnte man sich Ende 2012 in Durban auf eine zweite Verpflichtungsperiode einigen. Dauer und Gestaltung dieser Periode sollte 2012 anschließend auf der UN-Klimakonferenz in Katar beschlossen werden. Hier wurde dann eine Verlängerung des Kyoto-Protokolls, sogenannt Kyoto II, bis 2020 beschlossen, wobei weder Umfang noch Verteilung der angestrebten Treibhausgas-Reduktionen komplett beschlossen wurden. Weiterhin ist darin nicht geklärt, inwiefern Entwicklungs- und Schwellenländer dazu verpflichtet werden sollen, während die Industrienationen in der Entwicklung ihres Wohlstands zum Klimawandel beigetragen haben, den CO_2-Ausstoß zu reduzieren. Ziel sei es jedoch, die Treibhausemissionen bis 2020 um 25 bis 40 Prozent zu reduzieren. Bei dem seit 2013 gültigem Abkommen „Kyoto II" nehmen neben den 27 EU-Staaten nur noch zehn weitere Länder teil. Große Emittenten, wie Russland, Kanada, Japan und Neuseeland erklärten ihren Austritt aus dem Abkommen, während Australien als derzeit 7. größter Emittent dem Protokoll beigetreten ist. Insgesamt machen diese 37 Nationen nur ca. 15 % der weltweiten Emissionen aus, dienen aber für andere Nationen als Vorbild und als Symbol für einen geplanten Weltklimavertrag, für den sich schließlich alle Länder verpflichten sollen. Um auch die größten CO_2-Emittenten, wie China und die USA in eine Klimaschutzvereinbarung einzubeziehen, soll bis 2015 ein neues Abkommen ausgehandelt werden und 2020 als Weltklimavertrag in Kraft treten (ZEIT 2012).

Unabhängig vom Ausgang internationaler Verhandlungen haben sich Deutschland und die Europäische Union eigene Ziele und Reduktionsverpflichtungen bis 2020 und auch darüber hinaus gesetzt. Diese Ziele sind in Abbildung 9 aufgelistet.

Europäische Union	Kyoto-Protokoll: 8% bis 2012 gegenüber 1990
	Energie- und Klimapaket der Europäischen Kommission: 20% bis 2020 gegenüber 1990 (im Falle eines umfassenden internationalen Klimaschutzabkommens sogar 30%)
Deutschland	Kyoto-Protokoll: 21% bis 2012 gegenüber 1990
	Energie- und Klimapaket der Europäischen Kommission: 14% bis 2020 gegenüber 2005
	Energie- und Klimaprogramm der Bundesregierung: 40% bis 2020 gegenüber 1990 (36% davon aus den Maßnahmen des Programms)

Abbildung 9: CO_2-Reduktionsziele der EU und Deutschland (IZ KLIMA 2010)

Demnach sieht die Europäische Union sich in der Pflicht, den CO_2-Ausstoß um acht Prozent und somit um 2,8 % mehr zu reduzieren, als im Kyoto-Protokoll festgelegt. Deutschland verpflichtet sich im Kyoto-Protokoll sogar um eine Reduzierung von 21 % bis 2012 gegenüber dem Referenzwert von 1990.

Tabelle 4: Treibhausgas-Emissionen und Änderungsrate ausgewählter Nationen zwischen 1990 und 2010 ohne Landnutzung (erstellt nach Daten von UNFCCC 2012)

Staat	Emissionen 1990 in Mio. t CO_2	Verpflichtete Emissions-änderung zw. 2008-2012	Emissionen 2010 in Mio. t CO_2	Reale Emissions-änderung	Abweichung
Deutschland	1.246,138	-21 %	936,544	-24,8 %	**-3,8 %**
Europäische Union	5.583,135	-8 %	4.720,878	-18,27 %	**-10,27 %**
USA	6.161,461	/ (urspr. -7 %)	6.802,225	+10,4 %	**(+17,4 %)**
Kanada	589,294	-6 %	691,718	+17,4 %	**+23,4 %**
Russland	3.349,761	0 %	2.207,596	-34,1 %	**-34,1 %**
Japan	1.266,716	-6 %	1.257,982	-0,7 %	**+5,3 %**
Australien	417,993	+8 %	543,263	+29,9 %	**+21,9 %**
Ukraine*	929,557	0 %	383,182	-58,8 %	**-58,8 %**

In Tabelle 4 werden einige wichtige Vertreter mit dem jeweiligen Ausstoß im Jahr 1990 und den verbindlichen Verpflichtungen zur Reduzierung bis 2012 genannt.[18] Demnach hat Deutschland das Ziel von 21 % sogar um fast vier Prozent übertroffen. Auch die Europäische Union hat insgesamt das gesetzte Ziel von acht Prozent um ca. zwei Prozentpunkte mehr erreicht. Die USA erzeugt seine Energie zu 44,9 % aus Kohle und 23,4 % aus Erdgas (RAWLS 2012), was knapp zwei Drittel der nationalen Energieerzeugung ausmacht. Anhand der Emissionszahlen der USA und dem starken Anstieg von ca. zehn Prozent, der hauptsächlichen Energieerzeugung aus fossilen Rohstoffen und mit einem Blick auf die stark angeschlagene Wirtschaft ist es nachzuvollziehen, wieso die USA das Kyoto-Protokoll bisher nicht ratifiziert hat. Das ursprüngliche Ziel von sieben Prozent, was jedoch nicht in das Kyoto-Protokoll aufgenommen wurde, wäre bei den derzeitigen wirtschaftlichen Problemen in den USA nicht zu schaffen. Die USA geht dieses Risiko vorerst nicht ein, da das Nichterreichen eines festgesetzten Ziels mit Strafzahlungen geahndet wird. Eine Strafzahlung von umgerechnet ca. 10,5 Mrd. Euro ist auch der Grund, wieso Kanada aus dem Kyoto-Protokoll ausgetreten ist (BBC 2011). Damit sind Kanada und die USA die einzigen Industriestaaten,

[18] Die aktuellen Daten für das Jahr 2012 stehen bisher nicht zur Verfügung (Stand: 02.05.2013)

die keine verbindlichen Mitglieder des Kyoto-Protokolls sind. Die Ukraine hat den eigenen CO_2-Ausstoß trotz Ziel von 0 % sogar um fast 60 % reduzieren können, teilt sich jedoch die Lasten durch das sogenannte „Burden Sharing“ mit weiteren Vertragsstaaten, wobei sich Ukraine dazu verpflichtet hat, dessen Bilanzen auszugleichen.

5.1.1 Lastenteilung (Burden Sharing)

Nach dem Kyoto-Protokoll ist es Gruppen von Vertragsstaaten erlaubt, durch das sogenannte „Burden Sharing“, die jeweiligen Reduktionsziele gemeinsam zu erfüllen. Speziell aufgenommen wurde diese Regelung für die Mitgliedsstaaten der Europäischen Union. Da hier ein Reduktionsziel von acht Prozent vereinbart wurden, jedoch Länder wie Spanien, Griechenland und Portugal Emissionssteigerungen von 15 %, 25 % und 27 % zugesagt wurden, sind anderen Vertragsstaaten in der Pflicht, das jeweilige eigene Ziel zu erreichen sowie diese Länder auszugleichen um die vorgegebenen acht Prozent zu erreichen (AVANTTIME 2013).

5.1.2 Emissionsrechtehandel

Der Handel mit Emissionsrechten ist Teil des Kyoto-Protokolls. Die Idee hinter dem „Emissions Trading“ ist, dass Emissionen nicht zwingend am jeweiligen Standort eingespart werden müssen, sondern dort wo die Umsetzung am kostengünstigsten möglich ist. Diese Methode ist ausdrücklich als ein zusätzliches Element neben direkten Maßnahmen zur Einsparung von Treibhausgasen ausgeschrieben und berechtigt Staaten nicht, Rechte von anderen Staaten zu kaufen, um das jeweilige Ziel zu erfüllen, ohne selbst direkte Maßnahmen zur Reduzierung von CO_2 zu erbringen. Ob CO_2 durch den Emissionshandel jedoch tatsächlich im Sinne des Klimas eingespart werden kann oder es doch nur hilft, kostengünstig die Bilanzen der CO_2-Emitenten zu verbessern ist äußerst fraglich und konnte bisher nicht eindeutig belegt werden. (EUROPÄISCHE KOMMISSION 2009; UEBEL & UGURLU 2009).

Dabei sind die gehandelten Preise der EU-Emissionszertifikate (EUA) besonders in den letzten 1,5 Jahren deutlich von einst über 30 € auf mittlerweile unter 5,65 € (Ende 2012) pro Zertifikat[19] gesunken. Für den gleichen Preis erhält man jedoch schon für 0,33 € 17-mal so viele äquivalente Zertifikate, wie dem „Certified Emission Reductions“ (CER) aus Schwellen- und Entwicklungsländern (Ende 2012). Dies war jedoch nicht das Ziel des Zertifikatshandels, da mittels dieser, verhältnismäßig niedrigen, Preise für Emissionsrechte keine oder kaum Klimaschutzmaßnahmen durch Firmen ergriffen werden (ALTEMEIER 2013).

Neben dem im Kyoto-Protokoll festgelegten Emissionshandel gibt es noch den EU-internen Emissionshandel, der von der EU-Klimapolitik festgelegt wurde. Dieser ermächtigt

[19] ein Zertifikat entspricht 1 t CO_2

Unternehmen innerhalb der EU zum Handel mit Emissionsrechten. Ziel ist dabei die Einhaltung des EU-8-Prozent-Ziels mit Hilfe volkswirtschaftlich minimalem Kostenaufwand.
Für den Handel von Emissionen gibt es eigene Messen. Beispielsweise werden auf der „Climate Change Capital"-Messe Emissionsrechte für eingesparte Treibhausgase verkauft und gehandelt und von Vertretern der Entwicklungsländer, Interessenten aus den Industriestaaten für sogenannte CDM-Projekte gesucht (EUROPÄISCHE KOMMISSION 2009).

5.1.3 Clean Development Mechanism

Auch der sogenannte „Clean Development Mechanism" (CDM; dt. für „Mechanismus für umweltverträgliche Entwicklung") ist Teil des Kyoto-Protokolls. Ein Industrieland ermöglicht es hier, Maßnahmen zur CO_2-Einsparung in ein Entwicklungsland zu verlagern und das dort eingesparte CO_2 auf das eigene Emissionsbudget anrechnen zu lassen (UNFCCC 2013). Da beispielsweise Kraftwerkbetreiber, wie RWE, nicht ungehindert CO_2 emittieren dürfen, müssen entweder Vertragsstrafen gezahlt oder Emissionsrechte gekauft werden, sobald das Emissionsbudget überschritten ist. Da die Rechte bisweilen noch sehr teuer sind[20], werden in verschiedenen Projekten teils durch Entwicklungszusammenarbeit CO_2 in Entwicklungsländern eingespart um dieses CO_2 dann in Form von Zertifikaten für sich selbst anrechnen zu lassen (UEBEL & UGURLU 2009). CDM-Projekte sind die kostengünstigsten Klimaschutzmethoden und können mit vergleichbar wenig Aufwand sehr viel bewirken. RWE betreibt unter anderem ein Projekt in Visakhapatnam (Indien) mit ca. 1,7 Mio. Einwohnern, bei dem in Privathaushalten kostenlos ca. 300.000 Glühbirnen mit Energiesparlampen ausgetauscht werden. Die Planung, Organisation und Umsetzung kostet RWE zwar mehrere Millionen Euro, jedoch wird durch das Projekt in dem Ort ausreichend viel CO_2 eingespart, sodass sich diese Ausgaben rentieren. Die CO_2-Zertifikate sind im Vergleich weitaus teurer (UEBEL & UGURLU 2009). Die attraktivsten Länder für CDM der derzeit 6.755 registrierten und laufenden Projekte sind China mit ca. 43 %, gefolgt von Indien mit ca. 22 %, da hier viel CO_2 emittiert wird und dementsprechend ein hohes Potential an möglichen Einsparungen vorhanden ist (UNFCCC 2013).
Kritiker zweifeln den Sinn von CDM an, da es ursprünglich als Hilfe für Entwicklungsländern gedacht war indem Spitzentechnologien für die Zukunft zur Verfügung gestellt werden. Es erweckt nun den Anschein als diene es für Industriestaaten als billige Lösung zur Steigerung des CO_2-Budgets. Weiterhin werden zwar von den Vereinten Nationen jedes Jahr akribisch die Klimaschutzmaßnahmen der einzelnen Projekte untersucht, jedoch sieht das Kyoto-Protokoll keine Überprüfung der, durch die Projekte entstandenen, Umweltverschmutzung durch Staub und Schwermetalle vor (UEBEL & UGURLU 2009).

---

[20] RWE gab im Jahr 2008 rund 1 Mrd. Euro für Emissionsrechte aus (UEBEL & UGURLU 2009)

5.2 CO_2-Abscheidung in Kraftwerken

Die CO_2-Abscheidung ist der erste von drei Prozessschritten der so genannten Carbon Capture and Storage-Technologie, kurz CCS. Unter Abscheidung versteht man, das an Kraftwerken ausgestoßene CO_2 vom Rauchgas abzutrennen. Da das Abgas jedoch nicht vollständig, sondern nur zu 5 bis 15 % aus CO_2 besteht, ist es aus Transport- und Speichergründen notwendig, das für die Umwelt ungefährliche Stickstoff, sowie andere Gase vom Abgas zu trennen und CO_2 anzureichern, um möglichst reines Kohlenstoffdioxid, mit einer Konzentration von über 90 Vol.-% zu erhalten. Das relativ reine CO_2 lässt sich mit weitaus geringerem Aufwand weiterbehandeln. Würde man das Kohlendioxid nicht anreichern und das Abgas direkt entsorgen, müsste eine sechs bis 20-fach so große Gasmenge verdichtet, transportiert und gespeichert werden. Dies würde den Energiebedarf für die CO_2-Entsorgung massiv erhöhen sowie die Speicher unnötig schnell füllen (UBA 2006a). Für die Abscheidung gibt es drei verschiedene Verfahren, die ihre eigenen Vor- und Nachteile haben. Experten rechnen damit, dass die CCS-Technologie ab 2020 im großtechnischen Maßstab einsatzfähig sein wird und die Technik dann auch global eingesetzt werden kann. Die CCS-Technologie wird somit auch der Wirtschaft neue Möglichkeiten und Chancen durch den Export der Technik und des Wissens bieten (IZ KLIMA 2010a).

Der Mehraufwand das CO_2 abzuscheiden und zu speichern, bedeutet für die Kraftwerkbetreiber, dass ein höherer Energieverbrauch und gleichzeitig auch ein höherer CO_2-Ausstoß entstehen und die Kraftwerke demzufolge deutliche Einbußen am Wirkungsgrad haben. Demnach muss man zwischen der Abscheidung und der Vermeidung von Kohlenstoffdioxid unterschieden. Um CO_2 vom Abgas zu trennen und anzureichern, muss ein Teil der durch das Kraftwerk erzeugten Energie aufgewendet werden, wodurch der Wirkungsgrad des Kraftwerkes sinkt. Durch den Mehraufwand an Energie entsteht auch proportional mehr CO_2. 90 bis 95 % dieses Kohlendioxids können durch heutige Techniken abgeschieden werden. Um den tatsächlich vermiedenen Wert an CO_2 zu erhalten, muss man die Differenz des restlichen, nicht abgeschiedenen Kohlenstoffdioxids zu dem CO_2-Ausstoß-Referenzwert des Kraftwerkes ohne CCS-Technik und normalen Wirkungsgrad betrachten (UBA 2006a). In Abbildung 10 wird die Differenz in jeweiligen Vergleichen, verschiedener Brennstoffe dargestellt. In Braun dargestellt, ist zu erkennen, dass die Braunkohle in Bezug auf die Gesamtemissionen am schlechtesten abschneidet, da dieser Brennstoff den höchsten Emissionsfaktor aller drei Brennstoffe aufweist. Dieser ergibt sich aus der Differenz der CO_2-Emissionen mit normalem Wirkungsgrad sowie der Emissionen mit Abscheidung und verringertem Wirkungsgrad. Optisch in Abbildung 10 zu erkennen ist der Höhenunterschied zwischen den jeweils ersten beiden Säulen, die man dann mit den Höhenunterschieden der jeweiligen anderen Brennstoffe vergleichen kann.

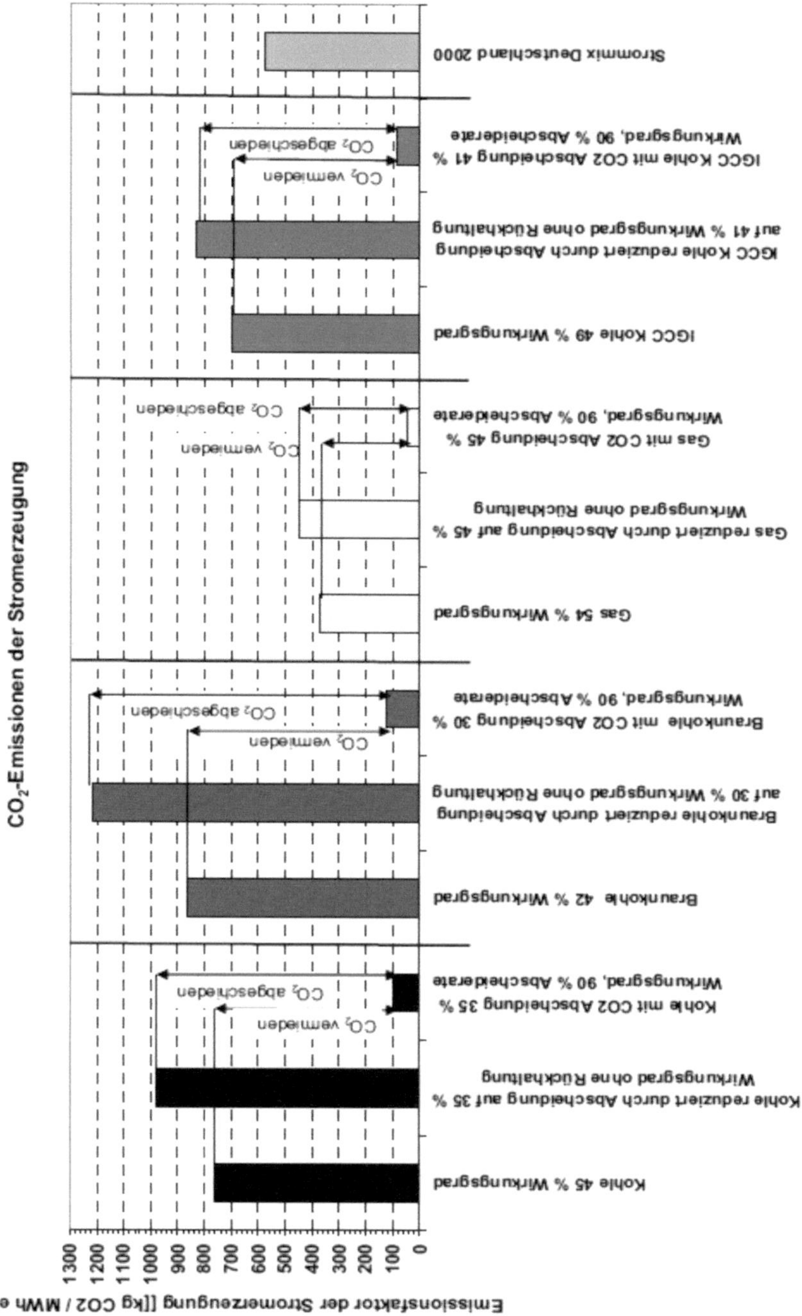

Abbildung 10: CO_2-Vermeidung und Abscheidung verschiedener Brennstoffe (UBA 2006a)

Die Angaben der vermiedenen CO_2-Emissionen sind dann erforderlich, wenn die Vermeidungskosten mit anderen Maßnahmen, wie zum Beispiel bei der Stromerzeugung aus Erneuerbaren Energiequellen, verglichen werden sollen (UBA 2006a).
Ziel der Entwicklung ist es, bei minimalen zusätzlichen Energieaufwand und maximale CO_2-Konzentration, das Kohlenstoffdioxid abzuscheiden, um den Wirkungsgradverlust des Kraftwerkes so gering wie möglich zu halten.

5.2.1 Pre-Combustion

Bei der Brenngasdecarbonatisierung wird das Kohlendioxid aus dem Brenngas noch vor der Verbrennung und Energieumwandlung abgetrennt. Dabei wird der fossile Brennstoff in einer endothermen Reaktion unter Zugabe von heißem Wasserdampf zu Kohlenmonoxid und Wasserstoff zerlegt. Anschließend wird aus dem Kohlenmonoxid durch erneutes Zugeben von Wasserdampf und einer Wassergas-Shift-Reaktion[21] ein Synthesegas, bestehend aus reinem, als Brenngas verwendeter, Wasserstoff und Kohlenstoffdioxid als Nebenprodukt, gewonnen.

$$CO + H_2O \rightleftharpoons CO_2 + H_2$$

Formel 7: Wassergas-Shift-Reaktion

Dabei liegt die Reaktionsenthalpie unter normalen Bedingungen bei -41,2 kJ/mol und damit das chemische Gleichgewicht auf Seiten der Reaktionsprodukte. Durch ansteigende Temperaturen verschiebt sich dieses Gleichgewicht in Richtung der Ausgangsstoffe. Bei knapp 300 °C liegt die freie Enthalpie bei 0 kJ/mol. An diesem Punkt ist eine Gleichgewichtssituation erreicht, sodass bei weiterem Temperaturanstieg die Reaktion nicht mehr spontan abläuft. Der Ablauf für den Einsatz von Erdgas als Brennstoff verläuft fast identisch. In der sogenannten Dampfreformierung, dem Gas- und Dampfturbinenprozess (GuD), wird nach der Entschwefelung das Erdgas in einer endothermen Reaktion mit Wasserdampf zu Kohlenmonoxid und Wasserstoff umgesetzt. Die weiteren Prozessschritte sind die gleichen, wie bei der sogenannten *Integrated Gasification Combined Cycle* (IGCC).

$$CH_4 + 2H_2O \rightleftharpoons CO_2 + 4H_2$$

Formel 8: Umsatz von Methan in der Dampfreformierung

Die Summe für die Enthalpie beträgt hierfür ΔH = +193,0 kJ/Mol (UBA 2006a).
Für die Vergasung von Kohle wird die IGCC-Technologie und für Erdgas die Dampfreformierung verwendet. IGCC steht für einen Kombi-Prozess mit integrierter Vergasung und wurde entwickelt um auch feste Brennstoffe im Gas- und Dampfkreislauf nutzen zu können. In Abbildung 11 wird das Prinzip des IGCC-Prozess schematisch verdeutlicht. Über mehrere Prozessschritte wird der feste Brennstoff vergast und mit Luft gemischt, sodass das CO_2 abgetrennt werden kann und nahezu reiner Wasserstoff, als

[21] Verfahren zur Wasserstofferzeugung durch Reduzierung des Kohlenstoffmonoxid-Anteils im Synthesegas durch Wasserdampf in H_2 und CO_2

Brenngas zum Antreiben von Turbinen und zur Erzeugung von Strom, entsteht. Die Vorteile dieses Verfahrens sind die hohe Effizienz aufgrund der wesentlich höheren CO_2-Konzentration, die Brennstoffunabhängigkeit und aufgrund des gasförmigen Brenngases, der Einsatz in Gas- und Dampf-Kombikraftwerken. Weiterhin wird in einem Verfahren nach der Vergasung das Gas von anderen Schadstoffen befreit, wodurch die Umweltbelastung stark sinkt. Der Nachteil ist, dass IGCC-Kraftwerke neue Elemente zur Abscheidung benötigen, welche nicht nachgerüstet werden können. Dies bedeutet, dass Kraftwerke auf dem Prinzip der Pre-Combustion neu errichtet werden müssen und vorhandene nicht nachträglich mit der Technik ausgestattet werden können (UBA 2006a,b).

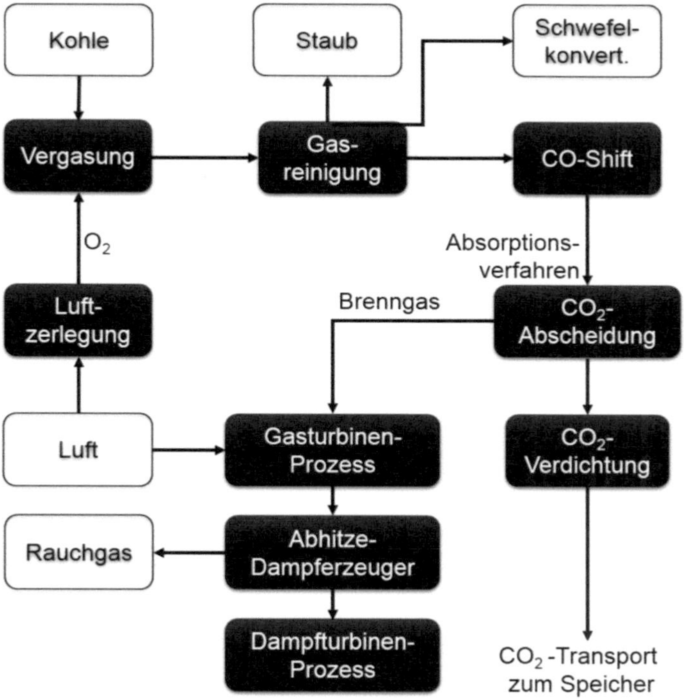

Abbildung 11: Prinzip des IGCC-Prozesses mit CO_2-Abscheidung (erstellt nach UBA 2006a, TUHH 2013)

5.2.2 Post-Combustion

Die sogenannte Rauchgasdecarbonatisierung ist die einfachste der drei genannten Verfahrensvarianten und bereits heute schon in Anwendung. Das Verfahren ähnelt der, bereits in Kraftwerken angewendeten, Rauchgasentschwefelungsanlagen. Diese Art von CO_2-Abscheidung ist kein im Kraftwerk integrierter Prozess, sondern wird nach der Energiegewinnung nachgeschaltet. Dies hat den Vorteil, dass auch bestehende „Capture

Ready"-Kraftwerke relativ „unkompliziert" mit dieser Technik nachgerüstet werden können. Kraftwerke sind „Capture Ready", wenn sie über eine entsprechende Fläche verfügen, die Möglichkeit der Nachrüstbarkeit besitzen, die standortspezifische Realisierbarkeit, wirtschaftlicher und geologischer Möglichkeiten des Transports und der Speicherung erfüllen und keine potentiellen Auswirkungen auf Sicherheit des Kraftwerkes und auf die Umwelt haben. Ein solches Kraftwerk kann sich bei Voraussetzung aller Kriterien mit dem „Capture Readiness" vom TÜV NORD zertifizieren lassen (IZ KLIMA 2010a). Der Nachteil ist, dass die Anlage eine große Fläche benötigt und von den drei gängigsten Abscheidungsverfahren den größten Wirkungsgradverlust besitzt (IZ KLIMA 2010a). Seit 2009 erproben RWE Power in Niederaußem und E.ON in einer Pilotanlange die Technik der CO_2-Rauchgaswäsche, mit dem Ziel, das Waschmittel zu optimieren und den Wirkungsgradverlust zu minimieren (IZ KLIMA 2013). Kraftwerke, die mit dem Post-Combustion-Verfahren ausgerüstet sind, erzeugen die Energie in standardmäßigen Prozessen durch das Antreiben von Dampfturbinen. Erst in der Ableitung des Abgases wird das CO_2 abgetrennt. In einem ersten Schritt wird das Rauchgas von Asche, Schwefel und Stickoxiden befreit und heruntergekühlt.

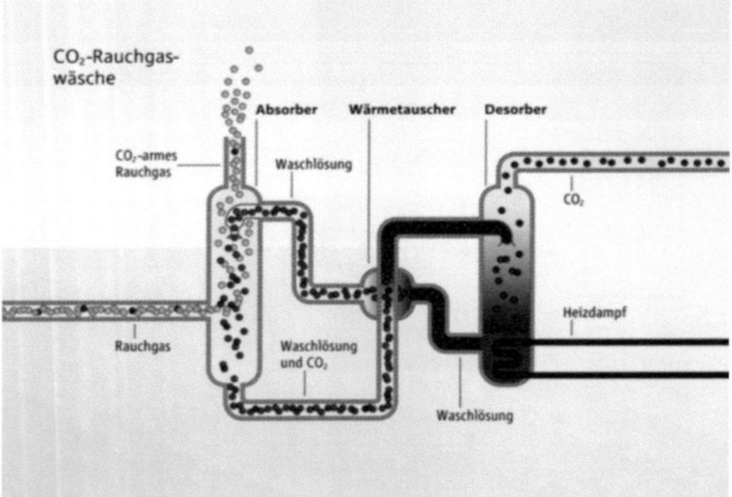

Abbildung 12: Prozessablauf der CO_2-Rauchgaswäsche (IZ KLIMA 2013)

Im nächsten Prozessschritt wird das Abgas (Abbildung 12) in eine aminhaltige Flüssigkeit (Waschlösung) geleitet. Die Amine reagieren chemisch mit dem Kohlenstoffdioxid und gehen eine Bindung mit den CO_2-Molekülen im Rauchgas ein. Dieser Prozess findet bei Umgebungsdruck und -temperatur statt (UBA 2006b). Zur Abscheidung des Kohlenstoffdioxids ist die gebräuchlichste Methode die chemische Absorption. Dazu wird das nahezu CO_2-freie Rauchgas ausgestoßen und die CO_2-gesättigte Waschmittellösung in einen Desorber geleitet. Anschließend wird durch das Erhitzen des Waschmittels das CO_2 von den Aminen abgetrennt, sodass ein Abgas mit einer 90- bis 95- prozentigen CO_2-Konzentration abgeschieden wird, welches verdichtet und transportiert werden kann (IZ KLIMA 2010a).

5.2.3 Oxyfuel-Verfahren

In diesem Verfahren wird der Brennstoff, welcher gasförmig, flüssig oder fest sein kann, mit nahezu reinem Sauerstoff verbrannt. Die Luftzerlegung findet bei -200 °C in kryogenen Luftzerlegungsanlagen statt. Durch das Verbrennen der Brennstoffe im reinen Sauerstoff entstehen nur wenige Schwefel- und Stickstoffverbindungen und das Abgas besteht zum größten Teil aus reinem Kohlenstoffdioxid (über 70 %) und Wasserdampf.

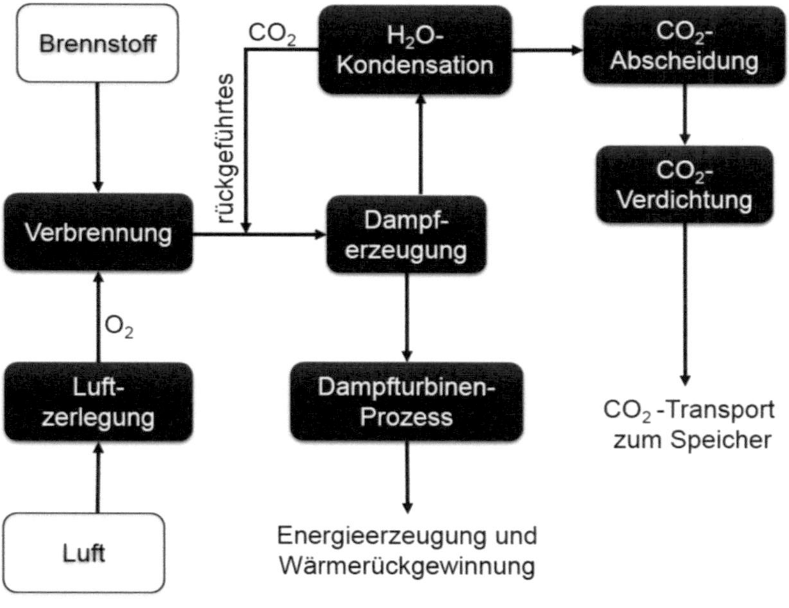

Abbildung 13: Prinzip des Oxyfuel-Verfahrens mit CO_2-Abscheidung (erstellt nach LINDE 2013)

Dadurch wird ein weiterer Prozessschritt um das CO_2 anzureichern nicht zwingend benötigt. Da dank des Verbrennens mit reinem Sauerstoff weitaus höhere Verbrennungstemperaturen entstehen als bei einer konventionellen Verbrennung, ist es erforderlich, den Dampferzeuger zu modifizieren um die Verbrennungstemperatur zu begrenzen. Dafür werden ca. 2/3 des CO_2-reichen Verbrennungsgases in den Feuerungsraum zurückgeführt um die hohe Temperatur zu senken (TAB 2008). Infolge einfachem Abkühlen des Abgases kondensiert der Wasserdampf zu Wasser, welches abgeführt wird, sodass weitestgehend reines Kohlenstoffdioxid zurückbleibt. Das Kohlendioxid weist nun nur noch minimale Verunreinigungen durch SO_2 und NO_X auf. Dieses kann nun weiter verdichtet, transportiert und eingelagert werden. In Abbildung 13 ist der Ab- und Kreislauf des Oxyfuel-Verfahrens schematisch dargestellt. Der große Vorteil des Verfahrens ist, dass das beim Verbrennen entstehende CO_2 von vornherein sehr rein ist und keinerlei weitere Reinigungsschritte notwendig sind und somit sehr geringe Mengen an Rauchgas entsteht (IZ KLIMA 2010a). Nachteilig ist, dass für die Bereitstellung des reinen Sauerstoffs ein hoher Anteil der erzeugten Energie genutzt werden muss, wodurch der Wirkungsgrad des Kraftwerkes sinkt.

Derzeit findet das Oxyfuel-Verfahren bereits Anwendung in Glas- und Stahlschmelzöfen. In der Stromerzeugung werden erste Tests durchgeführt und Erfahrung gesammelt, z. B. in Jänschwalde betreibt Vattenfall seit 2008 eine Oxyfuel-Testanlage (TAB 2008).

5.3 Stahl- und Betonindustrie

Jedes Jahr werden ca. 80 Mio. t CO_2 in Industrieprozessen, wie der Stahl-, Papier-, Chemie- und Betonindustrie, in die Atmosphäre abgegeben. Das macht ca. zehn Prozent der jährlichen CO_2-Emissionen Deutschlands aus. Da während der Prozessschritte CO_2 entsteht, was aufgrund der chemischen Reaktionen nicht verhindert werden kann, sind auch keine Maßnahmen zur Minderung des CO_2 oder Besteuerung möglich. Jedoch ist es in diesen Industriezweigen möglich, CCS anzuwenden. Dadurch lässt sich in der Stahlbranche 52 % und in der Zementbranche jährlich 31 % an CO_2 einsparen (ZEITBILD 2011).

5.4 CO_2-Transport

Nach der Abscheidung in den Kraftwerken muss das CO_2 zum Lagerungsort transportiert werden. Dabei wäre auch eine Standortverlegung vom Kraftwerk zum Speicherort möglich, wobei die Kosten des Kohlenstoffdioxidstransports zum Speicher circa die gleichen Kosten verursachen, wie im umgekehrten Fall der Transport des Brennstoffes zum Kraftwerk (UBA 2006b). Für den CO_2-Transport kommen vier verschiedene Transportarten in Frage. Neben dem konventionellen Transport per LKW oder Bahn gibt es die Möglichkeit des Transports per Schiff oder mittels Pipelines. Letztere ist dabei die effizienteste Lösung. Für ein großtechnisches CCS-Kraftwerk mit einer Leistung von über 1.000 MW_{el} und 5 Millionen t CO_2, einer Auslastung von 85 % und einer Abscheiderate von 90 % jährlich (VOß ET AL. 2008), benötigt man 250.000 LKW-Ladungen[22] oder 5.000 Zugladungen[23], was eine nicht mögliche und tragbare Mehrbelastung der Verkehrsinfrastruktur und vermehrten CO_2-Ausstoß bedeuten würde (IZ KLIMA 2010b). Die effizienteste und wirtschaftlichste Methode ist der Transport über Pipelines. Für die Menge von 5 Millionen t CO_2 pro Jahr reicht bei passendem Druck rechnerisch eine Pipeline mit dem Durchmesser von 0,76 m (UBA 2006b). Einzig bei Seestrecken über 1.000 km Länge ist der Transport per Schiff wirtschaftlicher (IPCC 2007), wobei für eine derartige Menge CO_2 313 Schiffe[24] benötigt werden würden (IZ Klima 2010b).

---

[22] Bei 20 t Ladegewicht
[23] Bei 1.000 t Ladegewicht
[24] Bei 16.000 t Ladegewicht

Das Kohlenstoffdioxid muss dabei bei Normaldruck auf -48 °C herunter gekühlt werden (VOß ET AL. 2008; IZ KLIMA 2010b). In Abbildung 14 werden die teils sehr starken Kostenunterschiede der Transportmöglichkeiten ersichtlich, wobei sehr gut zu erkennen ist, dass der Transport von der Effektivität und der Wirtschaftlichkeit über Pipelines die sinnvollste Variante ist.

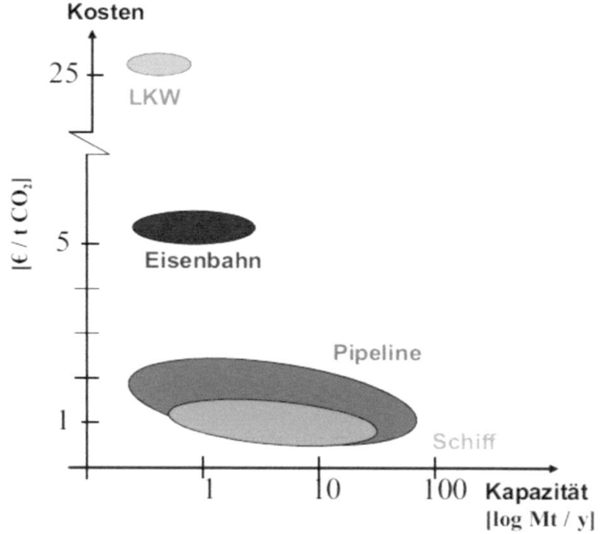

Abbildung 14: Kosten des CO_2-Transportes über 250 km (UBA 2006a)

Neben der technischen Erfahrung, Sicherheit und Umweltverträglichkeit, ist ein weiterer Vorteil der Pipelines das bereits existierende und flächendeckende Netzwerk, welches jedoch, aufgrund der niedrigen Drücke, nur bedingt für den Transport von CO_2 verwendet werden könnte. CO_2 muss für den Transport bei Drücken von 80 bis 120 bar in den überkritischen Zustand gebracht werden, sodass es ähnlich hydraulische Eigenschaften wie eine Flüssigkeit erhält und die Transportkapazität steigt (VOß ET AL. 2008). Der Transport unterscheidet sich nicht wesentlich vom Transport von Erdgas oder Erdöl oder anderen Stoffen. Der einzige Unterschied ist, dass CO_2-Pipelines eine hohe Korrosionsbeständigkeit aufweisen müssen. Durch Energieaufwendung für die Verdichtung ergibt sich für die Kraftwerke ein weiterer Wirkungsgradverlust von zwei bis vier Prozentpunkte (TAB 2008). Weltweit gibt es bereits über 3.000 km CO_2-Pipelines, die jährlich ca. 45 Mio. t CO_2 transportieren können. Bei einem Durchmesser von 76 cm kann jährlich 5 Mio. t CO_2 in der Gasphase und mehr als das Vierfache im überkritischen Zustand transportiert werden (UBA 2006b). 2.500 km der Pipelines liegen davon in den USA, was das überkritische CO_2 zu Erdölförderstätten transportiert. Das CO_2 wird hier im EOR-Verfahren verwendet, um das Fördervolumen in den Lagerstätten zu erhöhen (IZ KLIMA 2010b).

5.5 Ökonomische Effizienz

Auch wenn die Technologie in erster Linie dem nachhaltigen Schutz des Klimas dienen soll, entscheidet die Wirtschaftlichkeit darüber, ob die Technologie erfolgreich durchgesetzt und zum Standard in neuen Kraftwerken werden kann. Denn durch die neuen Zwischenschritte von der Abscheidung über den Transport, bis zur Speicherung entstehen zusätzliche Kosten. Laut IZ Klima wird es möglich sein auch mit CCS-Technologie Strom wirtschaftlich zu produzieren, aufgrund der hohen Primärenergiepreise und der weiteren Preissteigerungen durch die Ausweitung des EU-CO_2-Handelssystems. Demnach sollen die CO_2-Einsparungen in CCS-Kraftwerken pro Tonne Kohlenstoffdioxid zwischen 20 und 120 Euro und laut dem Umweltbundesamt zwischen acht und 68 Euro je Tonne CO_2 liegen (IZ KLIMA 2010a; UBA 2006b). Angesichts dieser Tatsache ist jedoch die Frage, ob sich die Kraftwerksbetreiber mit diesen prognostizierten Mehrkosten ohne gesetzliche Verpflichtungen, die Technologie umsetzen zu müssen, einlassen. Denn wie schon im Kapitel 6.1.2 beschrieben, belaufen sich die derzeitigen Kosten für den Kauf eines Zertifikates für den Ausstoß einer Tonne CO_2 auf weniger als 6 €. Dies ist noch immer weitaus billiger, als auf die CCS-Technologie zu bauen. Zwar zählt laut des 2009 beschlossenen Gesetzes zur *„Regelung von Abscheidung, Transport und dauerhafter Speicherung von Kohlendioxid"*, abgeschiedenes und gespeichertes Kohlenstoffdioxid als nicht angefallen (IZ KLIMA 2010a), dennoch sind die Preise für die Einsparung auf dem Emissionsmarkt zu gering, als dass man es mit den entstandenen Kosten der Abscheidung und Speicherung aufwiegen könnte. Nach einer Studie von McKinsey kosteten die Zertifikate im Jahr 2010 25 Euro je Tonne CO_2. Auf Basis dieser Studie wurde prognostiziert, dass der Preis bis 2020 auf 35 Euro je Tonne steigen wird (MCKINSEY 2009). Die Realität sieht jedoch bisher so aus, dass Zertifikatspreise sinken bzw. auf dem heutigen Niveau stagnieren werden. Diese Perspektiven sind für die Wirtschaftlichkeit der CCS-Technologie nachteilig. Von daher müssen von politischer Seite aus Gesetze folgen, die einem Kraftwerkbetreiber vorschreiben, die neue CCS-Technologie optional, zumindest jedoch bei neuen Kraftwerken obligatorisch, anzuwenden. Es ist, nicht davon auszugehen, dass in den nächsten Jahren der Preis für CO_2-Zertifikate massiv steigen wird. So hat die Firma Statoil nach der Einführung einer CO_2-Steuer in Norwegen bereits im Jahr 1996 angefangen, jährlich ca. 1 Mio. t Kohlendioxid abzutrennen und zu speichern (UBA 2006b). Einen Gesetzesentwurf wird es jedoch nicht vor 2015 geben. Bis dahin will das Bundeskabinett einen Evaluationsbericht zur CCS-Technologie erstellen, in denen alle bisherigen Erfahrungen und Fortschritte der Technologie gesammelt werden um auf dieser Grundlage über weitere Gesetzgebungen zu verhandeln (IZ KLIMA 2010a).

6 Möglichkeiten zur dauerhaften Speicherung von CO_2

Im dritten und letzten Schritt des CCS-Verfahrens soll das transportierte und verdichtete CO_2 dauerhaft eingelagert werden. Dabei stellt sich die Frage, inwiefern der Begriff „dauerhaft" definiert werden soll. Da jeder CO_2-Speicher auch eine potentielle Emissionsquelle darstellt, ist die Wahl des Speicherstandortes von großer Bedeutung. Dieser hängt dabei von regionalen standortspezifischen Eigenschaften, wie den geologischen Gegebenheiten ab (UBA 2006b). Aus diesem Grund wurden verbindliche Grenzwerte für die erlaubte jährliche CO_2-Emission des Speichers festgelegt, damit austretendes CO_2 weder Mensch noch Umwelt gefährden kann. Dabei sind laut Report des IPCC und des Umweltbundesamtes (2006b) nur minimale Leckagen erlaubt: *„Observations from engineered and natural analogues as well as models suggest that the fraction retained in appropriately selected and managed geological reservoirs is very likely[25] to exceed 99 % over 100 years and is likely[31] to exceed 99 % over 1.000 years."* (IPCC 2005). So darf der Verlust des gesamt gespeicherten CO_2 nicht mehr als 0,01 % pro Jahr erlauben. Demnach wären selbst nach 1.000 Jahren noch 90 % des ursprünglich eingelagerten CO_2 im Speicher eingelagert. Die geringe Menge an emittierten CO_2 kann jedoch in dieser Zeit langfristig, wie in Kapitel 3.1.1 beschrieben, durch den natürlichen Kohlenstoffkreislauf verarbeitet und gebunden werden (MAY 2009). Weiterhin muss weitestgehend vermieden werden, dass austretendes CO_2 den pH-Wert in Meeren und Grundwasser verändert. Die aussichtsreichste Methode ist die geologische Lagerung des Kohlenstoffdioxids. Für alle Arten der geologischen Sequestrierung sollen dabei gleiche Grundvoraussetzungen herrschen. Dabei sind erdbebengefährdete Gebiete keine potentiellen Speicherareale. In der Regel erfolgt die Speicherung in einer Tiefe von mindestens 800 m unterhalb der Erdoberfläche bzw. des Meeresbodens. Wichtige Gründe dafür sind die dort vorherrschenden Druck- und Temperaturverhältnisse. Durch die Verhältnisse ist das CO_2 ca. 300 Mal dichter als unter Normalbedingungen und verhält sich wie eine Flüssigkeit (siehe Kapitel 2.1), sodass Porenräume des Speichergesteins optimal genutzt werden können (STROINK ET AL. 2009). Oberhalb jeder Speicherformation sollte ein Deckgestein liegen, welches weitestgehend CO_2-undurchlässig ist. Das Kohlendioxid kann durch Adsorption und Kapillarkräften in den feinen Poren des Gesteins gehalten werden (TAB 2008). Im Folgenden werden geologische und hydrologische Formationen beschrieben, die zur Lagerung von CO_2 geeignet sind.

[25] „Very likely" wird mit einer Wahrscheinlichkeit von 90 bis 99 % und „likely" mit einer Wahrscheinlichkeit von 66 bis 90 % definiert

6.1 Saline Aquifere

Aufgrund mehrerer Kriterien, ist die Speicherung in salinen Aquiferen und in entleerten Erdgasfeldern hinsichtlich ihrer Kapazitäten, zumindest in Deutschland, die aussichtsreichste Option (IZ KLIMA 2010C; GERLING ET AL. 2009). Diese geologischen Formationen sind tiefe, Sole[26] führende Gesteinsschichten. Aufgrund der Porosität und der Permeabilität von salinen Aquiferen, wird durch das Injizieren des überkritischen CO_2 in einer Tiefe von mindestens 800 m, das Wasser teilweise aus den Poren verdrängt, welches sich anschließend mit dem Kohlendioxid füllt. Optimal hierfür sind antiklinale Strukturen mit mindestens einer impermeablen Gesteinsformation als Abdichtgestein, wie in Abbildung 15 angedeutet, da diese den vertikalen Anstieg des CO_2 verhindert und das Kohlendioxid sich so lateral ausdehnt, wobei diese Bewegung ebenfalls vom Abdichtgestein begrenzt ist (TAB 2008, UBA 2006a). Als Abdichtgestein eignen sich dabei Tonsteinformationen oder Evaporitlagen. Der Umgang mit dem Einleiten von Gasen und Flüssigkeiten in Aquiferen ist sehr erprobt, da diese bereits als Zwischenspeicher für Erdgas und Industrieabwässern verwendet werden. Daher existiert bereits eine große Wissensgrundlage. Demzufolge zählt diese Methode der CO_2-Speicherung zu den aussichtsreichsten (UBA 2006a).

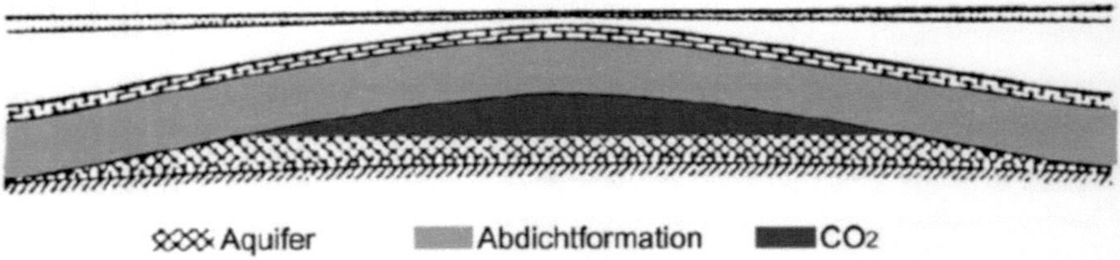

Abbildung 15: Injizieren von CO_2 in saline Aquifere (UBA 2006a)

Das Potential der CO_2-Speicherkapazität für saline Aquiferen wird in Deutschland mit zwölf bis 28 Gt geschätzt (GERLING ET AL. 2009). Sie bieten auch weltweit die größten Speicherkapazitäten, jedoch sind ihre langfristigen geologischen und geochemischen Eigenschaften auf das Verhalten von CO_2-Injektion noch nicht annährend so umfangreich erforscht, wie die von Öl- und Gasfeldern (TAB 2008).

6.2 Entleerte Ölfelder

Das Speichern in (nahezu) entleerten Ölfeldern spielt für Deutschland keine Rolle, da die Kapazitäten hierfür zu gering sind um diese Möglichkeit als eine wirtschaftliche Option anzusehen (IZ KLIMA 2010c). Weiterhin entsprechen die geologischen (bei möglichen Feldern herrscht eine zu geringe Versenkungstiefe) und geographischen Situationen (zu weite Entfernung von CO_2-Emittenten zum Lager) nicht den Anforderungen um CO_2 in Erdöllagerstätten zu speichern. Die Kosten sind bisher entweder noch zu hoch oder der

[26] Stark salzhaltige Lösung, gesättigter Sedimente

Mehraufwand nicht zur Minderung der CO_2-Emissionen dienen würde (UBA 2006a). Auf internationaler Ebene hingegen, ist dies eine sehr erfolgsversprechende Methode, da hierbei gleich zwei Effekte ausgelöst werden. Durch konventionelle Methoden verbleiben bisher noch immer ca. 75 % des ursprünglichen Erdöls in den Lagerstätten. Jedoch können durch die Einspeisung von CO_2 mittels EOR-Verfahren nochmals zehn bis 15 Prozent des ursprünglichen Reservoirs gefördert werden. Das Erdöl wird mit Hilfe von zwei Prozessen gewonnen. Zum einen verdrängt das CO_2 das vorhandene Erdöl und Wasser und zum anderen löst es sich im Öl auf, wodurch es eine verringerte Viskosität bekommt und mit weniger Aufwand gefördert werden kann. Letzteres Verfahren wird in den USA bereits seit 1972 angewendet und jährlich werden somit ca. 33 Mio. t CO_2 verpumpt (UBA 2006a). Die ursprüngliche Zielsetzung war, durch wenig CO_2-Injizierung viel Öl extra zu fördern. Dieses Vorgehen kann jedoch auf die CO_2-Speicherung übertragen werden, sodass heute versucht wird, besonders viel CO_2 einzuspeisen um mehr Öl zu fördern (TAB 2008). Das, im Öl gelöste, CO_2 muss anschließend durch extra Maßnahmen wieder abgetrennt und erneut injiziert werden. Das CO_2 ersetzt dadurch nach und nach den Platz, den das Erdöl Millionen von Jahren einnahm. Weiterhin ist aufgrund der jahrelangen Erfahrung durch Exploration von Erdöl -und Erdgaslagerstätten ein breites Wissen über grundlegende Strukturen vorhanden. Dank der ruhigen Lage der Erdöllager, welche sich vermutlich über einen sehr langen geologischen Zeitraum stabil gehalten haben, sind diese Lagerstätten auch sehr gute CO_2-Speicher (UBA 2006a). Ein Schwachpunkt stellt hier das Auffinden und die richtige Abdichtung alter Bohrlöcher dar (IZ KLIMA 2010c, TAB 2008).

6.3 Entleerte Gasfelder

Gaslagerstätten haben sehr ähnliche Eigenschaften wie Erdöllagerstätten und haben ihr Potential zur Zurückhaltung von Erdgas über Millionen von Jahren bewiesen. Sie gehören zu den wichtigen Speicherkandidaten. Weltweit haben sie laut ECOFYS (2004) das größte Speicherpotential (UBA 2006a). Jedoch sind Gasfelder auch für Deutschland eine wichtige Alternative zur CO_2- Speicherung. Speicherkapazitäten werden in Deutschland mit ca. 2,9 Gt CO_2 beziffert (GERLING ET AL. 2009, GEOCAPACITY 2009). Das Prinzip ist das gleiche, wie beim Injizieren von CO_2 in ein Erdölfeld. Zum einen können entleerte Felder zur alleinigen Speicherung des Kohlendioxids verwendet werden und zum anderen kann das Förderungsvolumen durch die Verwendung des EGR-Verfahrens erhöht und gleichzeitig CO_2 für das Erdgas ersetzt und gespeichert werden. Für dieses Verfahren gibt es jedoch in der Forschung erhöhten Nachholbedarf, da es bis heute noch kein Pilotprojekt gibt, in welchem die Gasförderung durch das Injizieren von CO_2 erhöht wird, während das Verfahren bei Erdöllagerstätten schon seit vielen Jahren etabliert ist. Der Vorteil von Gaslagerstätten gegenüber Öllagerstätten ist die Fördereffizienz. Diese beträgt selbst ohne EGR-Verfahren zwischen 60 und 90 % und bietet, bei gleichgroßem Speichpotential, mehr Volumen zur CO_2-

Speicherung. Weitere Vorteile sind, wie auch bereits bei (ehemaligen) Erdöllagerstätten,das Vorliegen des gesamten Wissens zu dem Komplex und die Anbindung der Anlagen an Pipelines. Die gesamte Infrastruktur liegt somit bereits vor (siehe Abbildung 16, rote Linien) (UBA 2006a).

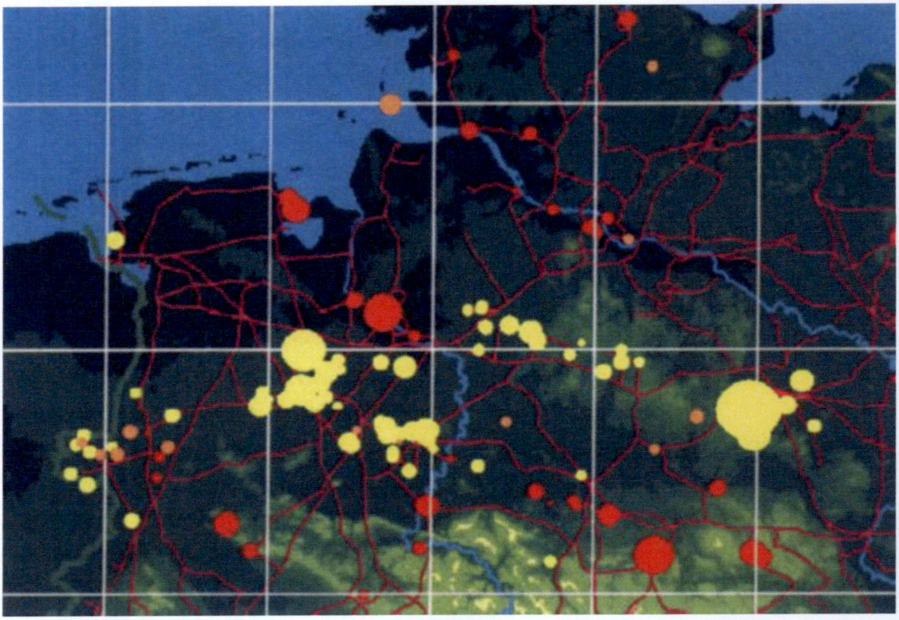

Abbildung 16: Lage von Gas- & Ölfeldern, Hauptpipelines und CO_2-Punktquellen (UBA 2006a)

Diese Abbildung beschreibt das Netz aus Pipelines in Norddeutschland und zeigt die Struktur von möglichen Gas- und Ölfeldern auf, welche zur CO_2-Speicherung genutzt werden können. Die maximale Größe des gelben Punktes (Gasfeld) entspricht dabei einer Kapazität von 410 Mio. t CO2 und der größte orange Punkt (Ölfeld) entspricht einer Kapazität von 32 Mio. t CO_2. Die roten Punkte sind die zusammengefassten CO_2-Quellen, bestimmter Ballungsräume (UBA 2006a). Einige Erdgasfelder befinden sich derzeit in der Endphase der Produktion, sodass diese potentielle CO_2-Speicher darstellen (TAB 2008).

6.4 Nicht abbaubare Kohleflöze

Auch nicht abbaubare Kohleflöze, die einen Stopp des Kohleabbaus ab einer Tiefe von 1.500 m vorschreiben, sind eine Option zur Speicherung von CO_2, da Kohle eine Porenstruktur aufweist. Im Enhanced Coal Bed Methane Recovery-Verfahren, kurz ECBM, wird durch das Injizieren von Kohlendioxid in ein Kohlevorkommen das Methan aus den Poren verdrängt. Methan ist leichter als Luft und so steigt es an die Erdoberfläche, was hier wiederrum aufgefangen und verwendet werden kann. Neben der der Verwendung des Nebenproduktes ist ein weiterer Vorteil die übliche Errichtung der Kraftwerke in direkter Nähe zu den Kohleabbaugebieten errichtet wurden. Somit ist der Transportweg des CO_2 vom Kraftwerk zu den Kohleflözen sehr gering. Da jedoch Kohle dazu neigt, bei Kontakt mit Kohlenstoffdioxid, aufzuquellen und die Porosität zu senken, würde dies auf Dauer die CO_2-Injizierung erschweren. Aufgrund der Lage der Flöze und der Eigenschaften der Kohle ist die CO_2-Speicherung in nicht abbaubaren Kohlevorkommen mittelfristig keine Option für Deutschland, wird jedoch als Option mit einer guten Perspektive angesehen (TAB 2008, IZ Klima 2010c).

6.5 Künstliche Mineralisierung

Eine mögliche Speicheroption ist die künstliche Mineralisierung von CO_2. Dies geschieht bereits bei den gängigen geologischen Speicherungen, jedoch in einem Zeitraum von 1.000 bis 100.000 Jahren. Bei der künstlichen Mineralisierung soll möglichst schnell durch eine chemische Reaktion zwischen dem CO_2 und einem Ausgangsmaterial ein neues Mineral gebildet werden, was das CO_2 dauerhaft binden soll. Die Verfahren sind jedoch prozesstechnisch sehr energieintensiv und benötigen eine große Menge an Ausgangsgestein. So entstehen je Tonne mineralisiertes CO_2 ein drei- bis achtfach größere Menge an Abraum. Der Aufwand, die großen Mengen an nötiger Energie, der Abtransport und der Lagerung des Abraumes wirken nicht fördernd auf die Reduzierung von CO_2 und sind weiterhin aus Umwelt- und Kostengründen nicht tragbar und keine, lohnenswerte Option zur Speicherung von CO_2 (UBA 2006b).

6.6 Ozeanspeicherung

Neben der geologischen Speicherung gibt es auch die Überlegung, das CO_2 in der Wassersäule von Meeren zu speichern. Da CO_2 in hohen Konzentrationen toxisch wirkt, beeinträchtigt es in naher Umgebung der Injektion biologische Organismen. Weiterhin reagiert CO_2 mit Wasser zu einer leichten Säure, was dazu führt, dass bei der Einleitung von großen Mengen CO_2 sich der pH-Wert des Meeres ändert. Schon leichte Änderungen des pH-Wertes haben Folgen für die Organismen im Meer. Ein erhöhter pH-Wert führt weiterhin dazu, dass weniger Kalksedimente gebildet und Meerestiere Kalkschalen aufgebaut werden können, wodurch natürliche CO_2-Bindungsprozesse verringert werden. Wie bereits in Punkt 3.3.2 beschrieben, gibt es Meeresströmungen, welche die Tiefsee und die Meeresoberfläche verbinden. Am Meeresboden oder in der Wassersäule gelagertes CO_2 kann so relativ schnell wieder an die Meeresoberfläche gelangen und in die Atmosphäre abgegeben werden (UBA 2006b). Laut eines Modells zur Speicherung von CO_2 in der Wassersäule des IPCC (2005) jedoch, soll je nach Tiefe[27] und Ort der Injektion noch 65 bis 100 % nach 100 Jahren und 30

[27] Der Prozentsatz wird geringer bei einer Tiefe unter 1.000 m und höher bei einer Tiefe über 3.000 m

bis 85 % nach 500 Jahren vorhanden sein, was dennoch im Vergleich zur Speicherung in geologischen Formationen ein zu großes Leckage bedeutet. Von daher wird diese Variante der CO_2-Speicherung weltweit nicht weiter verfolgt und von der EU sogar explizit ausgeschlossen (IZ KLIMA 2010c).

6.7 Speicherpotentiale

Gegenüber einem Ausstoß von 27,3 Gt CO_2 jährlich (IPCC 2005) stehen weltweit Speicherpotentiale für ca. 2.000 Gt Kohlenstoffdioxid gegenüber. Für die aussichtsreichsten CO_2-Speicher, entleerte Öl- und Gasfelder und saline Aquifere, würde dies bedeuten, dass die Speicher für ungefähr 80 Jahre ausreichen würden (IZ KLIMA 2010c). Deutschlands Kapazitäten reichen bei untersten Kapazitätswerten von 14,5 Gt CO_2 und einem Ausstoß aller deutschen Kraftwerke von 0,35 Gt CO_2 pro Jahr insgesamt 41 Jahre und bei maximalsten Kapazitätswerte von 45,5 Gt CO_2 sogar über 130 Jahre lang (UBA 2006b).

Global, als auch in Deutschland, bieten saline Aquiferen die aussichtsreichsten Speicherkapazitäten, da sie einerseits ein sehr großes Potential haben und andererseits relativ einfach zu erschließen sind. In Deutschland eignet sich besonders das norddeutsche Becken zur tiefen geologischen Speicherung, da hier diese Sedimente sich über den kompletten, norddeutschen Raum ausdehnen und eine Mächtigkeit bis zu 10 km haben. Weitere Speicherpotentiale findet man im Molassebecken nördlich der Alpen sowie im Oberrheingraben, Thüringer Becken, Oberkreidemulde im Münsterland und in der Hessischen Senke (GERLING ET AL. 2009).

Tabelle 5: Schätzungen von CO_2-Speicherkapazitäten in Gt (erstellt nach Daten von ECOFYS 2004 [Global, Europa], GEOCAPACITY 2009 [Deutschland])

CO_2-Speicherkapazitäten in Gt	Global	Europa	Deutschland
Erschöpfte Erdgasfelder	392 – 2.126	31 – 163	2,8
Erschöpfte Ölfelder/EOR	54 – 1.194	4 – 65	0,1
Saline Aquifere	30 – 1.081	12 – 47	12 – 28
Nicht erschließbare Kohleflöze/ECBM	0,4 – 1.480	0,4 – 10	0,4 – 1,7

Je nach Quelle schwanken die Werte, besonders die der salinen Aquifere, erheblich. So werden die Kapazitäten der Aquiferen in mancher Literatur auf bis zu 11.000 Gt geschätzt. In den nächsten Jahren gibt es noch sehr hohen Forschungsbedarf um die Möglichkeiten der Speicherpotentiale besser einzugrenzen.

6.8 Projekte

Weltweit laufen derzeit einige Forschungsvorhaben und Pilotprojekte zur Abscheidung und Speicherung von CO_2. Weitere Projekte sind bereits in Planung. Einige, wichtige Projekte werden im folgenden Verlauf beschrieben.

6.8.1 Das Weyburn-Midale CO_2-EOR Projekt

Bei diesem Projekt wird abgeschiedenes CO_2 aus einem 325 km entfernten Kraftwerk mit dem Pre-Combustion-Verfahren über Pipelines zu den Erdölfeldern im Williston Becken in Weyburn und Midale (Kanada) transportiert (IPCC 2005). Die geologische Struktur reicht von südzentral Kanada bis nordzentral USA. Durch das EOR-Verfahren soll hier die Fördermenge an Erdöl gesteigert werden. Gleichzeitig wird das CO_2 in den Ölfeldern gespeichert. Hierbei werden seit dem Projektbeginn im Jahr 2000 jährlich über 1 Mio. t CO_2 gespeichert (IZ KLIMA 2010c). Täglich werden hier über einen Zeitraum von 15 Jahren via Pipelines zwischen 3.000 und 5.000 t CO_2 transportiert und gespeichert. Es wird angestrebt in einem Zeitraum von 20 bis 25 Jahren insgesamt eine Menge von 20 Mio. t CO_2 in dem 180 km² großem Feld dauerhaft einzulagern (IPC 2005). Am Ende der Testphase im Jahr 2015 strebt man an, durch das EOR-Verfahren, etwa 130 Mio. Barrel Öl mehr gefördert zu haben (STROINK 2009).

6.8.2 Sleipner-Projekt

In Norwegen läuft seit 1996 ein Offshore-Projekt im Gasfeld Sleipner-West. Hier wird nach der Förderung des Erdgases das CO_2 abgetrennt und in einer Tiefe von ca. 1.000 m unterhalb des Meeresbodens im salinen Aquifer (Utsira-Formation) gespeichert. Das Besondere an dem Projekt ist, dass die komplette Technik zur Förderung, Abscheidung und Speicherung auf der Sleipner-Plattform vorhanden ist (IZ KLIMA 2010c). Täglich werden ungefähr 3.000 t und jährlich ca. 1 Mio. t CO_2 in das Speichergestein injiziert. Insgesamt ist eine Speicherung von 20 Mio. t CO_2 geplant (IPCC 2005).

6.8.3 In Salah-Projekt

In diesem Projekt wird das Erdgas aus umliegenden Förderanlagen über Pipelines nach In Salah transportiert. Hier wird das Erdgas im IGCC-Verfahren zu einem Brenngas und dem CO_2 getrennt. Anschließend wird es zum naheliegenden Krechba-Feld weitergeleitet und in einer Tiefe von 1.800 m in einem ausgefördertem Erdgasfeld dauerhaft gespeichert (IZ KLIMA 2010c). Das Projekt läuft seit 2004 und soll pro Jahr 1,2 Mio. t bzw. pro Tag 3.000 bis 4.000 t CO_2 speichern. Geplant wird eine Sequestrierung von ungefähr 20 Mio. t CO_2 (IPCC 2005).

6.8.4 *CO2SINK*

Das, seit 2008 laufende, EU-Projekt CO2SINK (CO_2 Storage by Injection into a Natural Saline Aquifer at Ketzin) befindet sich westlich von Berlin und Potsdam und dient als Forschungsspeicher. Die Koordination des Projekts unterliegt dem, in Potsdam ansässigen, GeoForschungsZentrum (GFZ) und ist das einzige CO_2-Speicherprojekt auf europäischem Festland. Hier werden grundlegende Verständnisse der CO_2-Speicherung in salinen Aquiferen weiterentwickelt und die Ausbreitung des CO_2 nach der Injektion in einer Tiefe von 630 bis 650 m wissenschaftlich und technisch erforscht (IZ KLIMA 2010c). Auch die kurz-, mittel- und langfristige Überwachung (Monitoring) des geologischen Speichers sind Bestandteil der Forschung. Bis September 2009 wurden 20.000 t und bis Oktober 2010 40.000 t (IZ KLIMA 2010c) CO_2 in den Untergrund in die Stuttgart-Formation injiziert und die Ausbreitung des CO_2 durch verschiedene Verfahren beobachtet und überwacht (WÜRDEMANN ET AL. 2009). Wie bereits beschrieben, ist für die geologische Speicherung eine Mindesttiefe von 800 m vorgesehen. Da jedoch das Projekt ausschließlich zur Erforschung und des Monitorings des gespeicherten CO_2 dient und in Ketzin CO_2 nicht in Industriemaßstäben gespeichert werden soll, spielt die geringere Tiefe keine sonderlich große Rolle.

6.8.5 *CLEAN*

In der Altmark (Sachsen-Anhalt) läuft seit Mitte 2008 das, unter anderem vom GFZ betreute, Projekt CLEAN (CO_2 Large-Scale Enhanced Gas Recovery in the Altmark Natural Gas Field). Im Rahmen der Forschungs- und Entwicklungsvorhaben des Projektes sollen in der Gaslagerstätte die Möglichkeiten untersucht werden, nicht mehr konventionell förderfähige Erdgasmengen mit Hilfe des EGR-Verfahren zu fördern. Bisher ist es nicht das Ziel, gleichzeitig das CO_2 zu speichern, jedoch finden die maßgeblichen Untersuchungen zur dauerhaften Speicherung in der Formation statt. Später sollen in der Altmark in einer Tiefe von 3.000 m pro Jahr etwa 100.000 t CO_2 gespeichert werden (IZ KLIMA 2010c, DEUTSCHER BUNDESTAG 2010). Das CO_2 wird vom Vattenfall-Kraftwerk „Schwarze Pumpe", eine Pilotanlage zur Abtrennung von CO_2 mittels Oxyfuel-Verfahren, mit einer Reinheit von 99,7 % geliefert (DEUTSCHER BUNDESTAG 2010). Das Projekt wurde aufgrund von regionalen Umständen nie zu Ende geführt und noch vor der Speicherung des CO_2 im Untergrund abgebrochen.

8 Risiken

Wie bereits in Kapitel 2.1 beschrieben, ist CO_2 ein ungiftiges Gas. Es kann ungeachtet dessen in hohen Konzentrationen von über acht Prozent zu Schwindel und Bewusstlosigkeit und bei längerem Anhalten solcher Werte zur Erstickung beim Menschen führen. Da CO_2 jedoch leichter als Luft ist, setzt es sich am Boden ab. Somit kann sich einefür den Menschen gefährliche Konzentration nur in Senken bilden kann. Einen solchen Unfall gab es bereits 2008 in Mönchengladbach (RP ONLINE 2008). Bei der CO_2-Speicherung im Untergrund hingegen werden, wie bereits erwähnt, Leckagen im Bereich von 0,01 % des gespeicherten Volumens als Maximalwert definiert, wonach das austretende CO_2 in solchen Konzentrationen sich erst gar nicht am Boden bilden kann. Durch ständiges Monitoring der Speicherareale wird die Sicherheit demnach durchgehend gewährleistet. Größere Probleme bereiten dahingehend die Verunreinigungen mit N_2, Ar, O_2, SO_2, NO_X, H_2S und weiteren Stoffen im CO_2, da einige Verbindungen mit dem Formationswässern zu Säuren reagieren können, welche wiederum das Speichergestein verändern. Weiterhin können die Deckschichten durchlässiger werden, wenn der Druck der CO_2-Injektion die Festigkeit des Gesteins überbeansprucht. Dadurch können sich Risse bilden. Ein weiterer, sehr wichtiger Punkt der Risikoabschätzung ist die Einschätzung von natürlichen Störungen. Da in Störungen, verschiedene Gesteinsformationen gegeneinander versetzt sind, kann das CO_2 zum Gestein ohne Speicherpotential fließen und schlussendlich an der Oberfläche wieder in die Atmosphäre gelangen (MAY 2009). Das Umweltbundesamt für Mensch und Umwelt hat diesbezüglich eine Tabelle (6) erstellt und dabei vier Risikotypisierungen vorgenommen. Dabei wird zwischen einer sofortigen und einer langsamen, andauernden Entleerung des CO_2-Speichers in Bezug auf das Risiko für das lokale Umfeld und auf globaler Ebene unterschieden.

Tabelle 6: Typisierung der Speicherrisiken (UBA 2006b)

Typisierung der Speicherrisiken	Lokales Risiko für Mensch, Tier und Umwelt	Globales Risiko für das Klima
Spontane Entleerung des Speichers (Unfall)	**I** Kurzfristige, vorübergehende, massive Einwirkung, im schlimmsten Fall lebensbedrohlich	**II** Freisetzung der abgeschiedenen CO_2-Mengen
Langsame, graduelle Leckage aus dem Speicher	**III** Chronische und „schleichende“ Bedrohung von Grundwasser, Flora und Fauna im Boden, eventuelle Gefahr für Menschen an Punktquellen	**IV** Freisetzung der abgeschiedenen CO_2-Mengen

Des Weiteren sind nicht nur austretendes CO_2 Umweltrisiken, sondern auch Solen, die aus dem Speichergestein verdrängt werden und in höher gelegene Süßwasseraquifere oder Oberflächenwasser gelangen können. Weiterhin stellen aktive bzw. stillgelegte CO_2-

Injektionsbohrungen und alte Erdgas- und Ölbohrungen eine signifikante Schwachstelle dar. Neben der Lokalisierung aller Bohrlöcher, besteht die Gefahr darin, dass das CO_2 mit den Formationswässern zu Kohlensäure. Die Säure führt bei direktem Kontakt zu Zementen und metallischen Werkstoffen zu Korrosion. Laut May et al. (2009) neigen besonders die üblichen Zemente zur Zersetzung durch Kohlensäure mit einer Rate von weniger als 0,1 mm pro bis zu 1,3 mm pro Tag. Demnach ist neben einer ständigen Überwachung und einer Langzeitfolgenabschätzung, die Erprobung korrosionsbeständiger Werkstoffe ein wichtiger Teil der Forschung für die Speicherung von CO_2 im Untergrund (MAY ET AL. 2009).

10 Fazit

Fakt ist, dass sich das Klima ändert und der Mensch durch den anthropogenen CO_2-Ausstoß Schuld am Anstieg der CO_2-Werte in der Atmosphäre trägt. Dennoch ist der anthropogene Anteil am CO_2 - Ausstoß im Vergleich zu den Mengen an CO_2, die durch natürliche Prozesse an die Atmosphäre abgegeben werden sehr gering. Trotzdem befindet sich dieses sehr empfindliche System durch den Faktor „Mensch" nun im Ungleichgewicht. Zwar gibt es genügend Potential, das CO_2 durch natürliche Prozesse in Senken zu speichern, jedoch nur in einem, für den Menschen gesehen, relativ langen Zeitraum. Dieses Zeitfenster hat die Menschheit nicht, da die Auswirkungen des Klimawandels sofort zu spüren sind. Es ist faktisch nicht bewiesen, dass der Mensch durch den erhöhten CO_2-Ausstoß auch zur Erhöhung der globalen Temperatur beiträgt. Ich unterstütze die allgegenwertige Meinung, dass der Mensch zum stetigen Anstieg des atmosphärischen Kohlenstoffs beiträgt, stehe jedoch, aufgrund der verschiedenen bearbeiteten Quellen im Verlaufe dieser Untersuchung, gegenüber der Behauptung, dass dieser Anstieg auch den Klimawandel antreibt, sehr skeptisch gegenüber. Lange Zeit wurde diese These aufgrund von nicht zutreffenden Klimamodellierungen angenommen und nun jedoch von immer mehr Wissenschaftlern wieder in Frage gestellt. Eine Antwort auf diese Frage wird es in den nächsten fünf bis zehn Jahren wahrscheinlich noch nicht geben. Unabhängig von der Notwendigkeit, CO_2 in Kraftwerken im Kampf gegen den Klimawandel abzuscheiden, hätten all die politischen Maßnahmen auch Vorteile. Denn auch die lokalen und globalen fossilen Rohstoffe sind endlich. Durch ein „klimafreundliches" Umdenken wurde bereits der richtige Weg in Richtung regenerativer Energie geebnet. Zwar wird man meiner Meinung nach auch in naher Zukunft nicht auf die lokale Kohleverbrennung verzichtet können, jedoch ermöglicht die immer größer werdende Branche an erneuerbaren Energien die Einsparung an fossilen Rohstoffen und zögert somit das Ende der fossilen Energieträger um mehrere Jahrzehnte hinaus. Durch angestrebte Verpflichtungen, CO_2 in Kraftwerken abzuscheiden und zu speichern, und den damit einhergehenden Wirkungsgradverlust, ist auch bei Kraftwerksbetreibern der Ehrgeiz erweckt, diesen Verlust durch Forschung und Innovation zu relativieren, sodass CCS unabhängig von der Frage, ob CO_2 das Klima ändert, auf jeden Fall eine sinnvolle Praktik ist. Weiterhin ist Carbon Capture and Storage eine sehr starke und hilfreiche Methode, um die von der EU und im Kyoto-Vertrag festgelegten Klimaziele zu erfüllen. Dabei sollte das Ziel aller Methoden sein, den Faktor der CO_2-Emissionen, welcher für die Reduzierung und Speicherung des Kohlenstoffdioxids nötig ist, geringer zu halten als die Emissionen, die ohne diese Maßnahmen frei in die Atmosphäre emittiert werden würden. Nur unter dieser Voraussetzung hat das Vorhaben wirtschaftlich und auch für die Umwelt einen Sinn.

Trotz alle dem bin ich der Auffassung, dass Carbon Capture and Storage weder nachhaltig, noch eine alleinige Lösung zur Erreichung des Klimaziels ist. Vielmehr sollten in Zukunft

Subventionen auf fossile Rohstoffe gestrichen und mehr in erneuerbare Energien investiert werden. Bis jedoch der komplette Strom durch erneuerbare Quellen weitestgehend CO_2-frei erzeugt werden kann, ist die CCS-Technik eine sehr gute Übergangslösung, trotz der Verbrennung fossiler Rohstoffe, den CO_2-Ausstoß so gering wie möglich zu halten.
Dennoch gibt es derzeit weder in Deutschland noch international einen gültigen Rechtsrahmen, der die Abscheidung, den Transport und die Speicherung von CO_2 regelt. In diesem Sinne müssen in den nächsten Jahren verbindliche Rechtsrahmen für das Vorhaben „Carbon Capture and Storage“ entwickelt und Gesetze verabschiedet werden, in denen konkrete Anforderungen formuliert sind und über die Haftbarkeit möglicher Umweltschäden, der Zuständigkeit des Monitorings von Speichern und weiteren Faktoren, wie der Speicherstandortbestimmung entschieden wird. Es ist Fakt, dass der Anteil der Energieproduktion aus regenerativen und erneuerbaren Quellen in den nächsten Jahren deutlich gesteigert werden muss.
Laut einigen Prognosen geht man davon aus, dass in den kommenden Jahrzehnten die heimische Kohle neben den regenerativen Energien ein bedeutender Bestandteil im deutschen Energiemix bleiben wird. Von daher ist heute eine Kombination aus CCS-Techniken, vor allem in Kraftwerken, erneuerbarer Energiequellen sowie eine politische Zusammenarbeit der Industriestaaten auf nationaler und internationaler Ebene, aber insbesondere mit den Schwellenländern, notwendig, um alle Klimaziele zu erreichen und einen globalen Temperaturanstieg, vorausgesetzt er ist mittels CO_2-Einsparung eingrenzbar, von über 2 °C bis 2050 zu verhindern.

11 Literaturverzeichnis

Altemeier. “Profit mit schmutziger Luft.” ARTE. 14 May. 2013.

APS (American Physical Society). *Direct Air Capture of CO2 with Chemicals: A Technology Assessment for the APS Panel on Public Affairs*, 2011. Print. http://www.aps.org/policy/reports/assessments/upload/dac2011.pdf

Ausfelder, F. *Feuerlöscher oder Klimakiller? Kohlendioxid CO2 - Facetten eines Moleküls | 1.1 Wie beeinflusst Kohlendioxid das Klima?*, 2011. Print. http://www.dechema.de/dechema_media/Downloads/Positionspapiere/DBG_Brosch%C3%BCre_CO2_kompl.pdf

avantTime Consulting GmbH. *Lexikon - CO2-Handel.de - Das Info-Portal zum Emissionshandel und Klimaschutz: Burden Sharing. avantTime Consulting GmbH*, 2013. http://www.co2-handel.de/lexikon-34.html. 8 May. 2013.

BBC. *BBC News - Canada to withdraw from Kyoto Protocol*, 2011. http://www.bbc.co.uk/news/world-us-canada-16151310. 2 May. 2013.

Berner, R. A. “The long-term carbon cycle, fossil fuels and atmospheric composition.” *Nature Jahrgang* 426. Heftnummer 6964 (2003): 323–26. Print.

BUND - Bund für Umwelt und Naturschutz Deutschland. *Geplante und im Bau befindliche Kohlekraftwerke*, 2012. http://www.bund.net/fileadmin/bundnet/pdfs/klima_und_energie/121123_bund_klima_energie_kokw_verfahrensstand_liste.pdf. 22 Apr. 2013.

CO2Now. *CO2 Trend | Current CO2*, 2013. http://co2now.org/Current-CO2/CO2-Trend/. 19 Mar. 2013.

Deutscher Bundestag. “Technikfolgenabschätzung (TA) - CO2-Abscheidung und -Lagerung bei Kraftwerken: Sachstandsbericht zum Monitoring „Nachhaltige Energieversorgung (2008). Print.

---. *CCS-Forschungsprojekt CLEAN in der Altmark: Antwort der Bundesregierung auf die Kleine Anfrage der Abgeordneten Eva Bulling-Schröter, Dr. Barbara Höll, Roland Claus, weiterer Abgeordneter und der Fraktion DIE LINKE. - Drucksache 17/3726 -*, 2010. Print. Web. 22 Jul. 2013.

ECOFYS. *Global carbon dioxide storage potential and costs*, 2004. Print.

ETHZ (Eidgenössische Technische Hochschule Zürich). *Bestandsaufnahme zum Thema Senken in der Schweiz.* 2.th ed., 2003. Departement für Umweltwissenschaften. Bericht/Report Nr. 29. Print.

Europäische Kommission. *EU-Maßnahmen gegen den Klimawandel: Das Emissionshandelssystem der EU.* 2009th ed. Luxemburg: Amt für Amtliche Veröff. der Europ. Gemeinschaften, 2009. Print. Umwelt : Luft.

Finger, H. *Kohlendioxid: Übungen im Experimentalvortrag für L3-Studierende*, 1999. Print.

GDCh (Gesellschaft Deutscher Chemiker e.V.). *Kohlensäure*, 2000. http://www.uni-protokolle.de/nachrichten/id/56842/. 12 Mar. 2013.

GeoCapacity. *Assessing European Capacity for Geological Storage of Carbon Dioxide: EU GeoCapacity Project no. SES6-518318 WP2 Report*, 2009. Print.

Gerling, Knopf, Reinhold. *Die dauerhafte geologische Speicherung von CO2 in Deutschland - Aktuelle Forschungsergebnisse und Perspektiven: Geotechnologien Science Report - Speicherpotenziale für CO2 in Deutschland*. Potsdam: Koordinierungsbüro Geotechnologien, 2009. Print. Geotechnologien Science Report 14.

Greenpeace International. "Warum CO2-Abscheidung und -Lagerung das Klima nicht retten werden." 2008. Print.

Grünhage, Hanewald, Dörger, Schmid. "Die Natur hilft nicht den CO2-Anstieg zu bremsen: Umweltbeobachtung- und Klimafolgenforschungsstation Linden." 2009. Print.

Heck, Lüthi, Wernli, Schär. "Climate impacts of European-scale anthropogenic vegetation changes: A sensitivity study using a regional climate model." Journal of Geophysical Research. Jahrgang 106. Heftnummer D8 2001: 7817. Print.

Hundt, B. *Klimaentwicklung seit der Industrialisierung bis heute*, 2002. Print.

IEA (International Energy Agency). "Energietechnologische Perspektiven: Szenarien und Strategien bis 2050." 2010. Print.

IPCC (Intergovernmental Panel on Climate Change). "Zusammenfassung für politische Entscheidungsträger: In: Klimaänderung 2007: Wissenschaftliche Grundlagen. Beitrag der Arbeitsgruppe I zum Vierten Sachstandsbericht des Zwischenstaatlichen Ausschusses für Klimaänderung." 2007. Print.

---. *IPCC Third Assessment Report - Climate Change 2001: The Carbon Cycle and Atmospheric Carbon Dioxide*, 2001. Print.

---. *IPCC special report on carbon dioxide capture and storage*. Cambridge: Cambridge University Press for the Intergovernmental Panel on Climate Change, 2005. Print.

IZ Klima – Informationszentrum für CO2-Technologien e. V. *Post-Combustion.* http://www.iz-klima.de/ccs-prozess/abscheidung/post-combustion/. 19 Jun. 2013.

---. *Transport von CO2: Pipelines für den Klimaschutz*, 2010b. Print.

---. *Speicherung von CO2: Technologie für den Klimaschutz*, 2010c. Print.

IZ Klima – Informationszentrum klimafreundliches Kohlekraftwerk e.V. *CO2-Abscheidung und -Speicherung als Beitrag zum weltweiten Klimaschutz*, 2010a. Print.

---. "Der Weg zum klimafreundlichen Kohlekraftwerk - Herausforderung Akzeptanz." 2008.

Jones, New, Parker, Martin, Rigor. "Surface Air Temperature and its Changes Over the Past 150 Years." (1999). Print.

Körtzinger, A. *Feuerlöscher oder Klimakiller? Kohlendioxid CO2 – Facetten eines Moleküls | 1.2 Der Einfluss der Ozeane S. 14-17*, 2011. Print.

http://www.dechema.de/dechema_media/Downloads/Positionspapiere/DBG_Brosch%C3%BCre_CO2_kompl.pdf

Kött, A. "Abschlussbericht zur Vorstudie zum Informationssystem Speichergesteine zur CO2-Speicherung für den Standort Hessen – eine Grundlage zur klimafreundlichen geo- und energietechnischen Nutzung des tiefen Untergrundes (Speicherkataster)." 2008. Print.

Kuckshinrichs, W. *Weltweite Innovationen bei der Entwicklung von CCS-Technologien und Möglichkeiten der Nutzung und des Recyclings von CO2: Studie ; Endbericht*. Jülich: Forschungszentrum, Zentralbibliothek, 2010. Print.

Kühn, Clauser. "Mineralische Bindung von CO2 bei der Speicherung im Untergrund in geothermischen Reservoiren." *Chemie Ingenieur Technik* 78.4 2006: 425–34. Print.

Linde AG. *Oxyfuel-Verfahren - Divisionen > Engineering Division > CO2-Abtrennung und Speicherung*. http://muniche.linde.com/International/Web/Linde/like35lindecrde2.nsf/docbyalias/nav_oxyfuel_verf. 26 Jun. 2013.

Lohninger, H. *pT-Phasendiagramm von Reinstoffen*, 2013. http://anorganik.chemie.vias.org/phasendiagramm_pt_reinstoffe.html. 12 Mar. 2013.

Lucius, Bayrhuber, Peinert, Parchmann, Schlüter, Starke. *Der Kohlenstoffkreislauf*, 2005. Print.

May, F. *Die dauerhafte geologische Speicherung von CO2 in Deutschland - Aktuelle Forschungsergebnisse und Perspektiven: Geotechnologien Science Report - Sicherheit des CO2-Speichers - potenzielle Leckagepfade und Gefährdungsabschätzung*. Potsdam: Koordinierungsbüro Geotechnologien, 2009. Print. Geotechnologien Science Report 14.

McKinsey & Company, Inc. "Kosten und Potenziale der Vermeidung von Treibhausgasemissionen in Deutschland." 2009. Print.

Molt, K. *Säure- und Base-Reaktion mit Wasser*, 15 Jun. 2007. Print.

Mosbrugger, V. *Feuerlöscher oder Klimakiller? Kohlendioxid CO2 – Facetten eines Moleküls | 1.3 Die Bedeutung der Vegetation S. 18-20*, 2011. Print. http://www.dechema.de/dechema_media/Downloads/Positionspapiere/DBG_Brosch%C3%BCre_CO2_kompl.pdf

Munich Re. "Naturkatastrophen-Bilanz 2011." 2012. Print.

NASA Earth Observatory. *The Carbon Cycle*, 2011. 22 Mar. 2013.

NOAA (National Oceanic and Atmospheric Administration). *Mauna Loa CO2 annual mean data*, 2013. ftp://ftp.cmdl.noaa.gov/ccg/co2/trends/co2_annmean_mlo.txt. 19 Mar. 2013.

Odenberger, Svensson. *Transportation Systems for CO2 – Application to Carbon: SequestrationTechnical Report No. T2003-273*, 2003. Print.

Petit, Jouzel, Raynaud, Barkov, Barnola, Basile, Bender, Chappellaz. "Climate and atmospheric history of the past 420,000 years from the Vostok ice core, Antarctica." *Nature Jahrgang* 399. Heftnummer 6735. 1999: 429–36. Print.

PIK (Potsdam-Institut für Klimafolgenforschung). *ATEAM - Advanced Terrestrial Ecosystem Analysis and Modelling: Final report 2004 Section 5 and 6*, 11 Nov. 2004. Potsdam. http://www.pik-potsdam.de/ateam/ateam_final_report_sections_5_to_6.pdf

Plumbago. *Versauerung der Meere*, 2009. http://commons.wikimedia.org/wiki/File:WOA05_GLODAP_del_pH_AYool.png. 5 Apr. 2013.

Rawls, A. *New EPA rule will block all new coal-electric generation: 2009 U.S. Electricity Generation Source*, 2012. http://wattsupwiththat.com/2012/03/28/new-epa-rule-will-block-all-new-coal-electric-generation/#more-60254. 2 May. 2013.

RP Online. *Mönchengladbach: 107 Verletzte bei Gas-Unfall*, 2008. http://www.rp-online.de/panorama/deutschland/107-verletzte-bei-gas-unfall-1.476382. 22 Jul. 2013.

Scholz, M. *Planetologie II: Astronomie und Astrophysik VI*: epubli GmbH, 2012. http://books.google.de/books?id=EK7_-tlqoxUC

Scripps Institution of Oceanography, C. A., ed. *CO2 Concentration at Mauna Loa Observatory, Hawaii*, 2013. http://scrippsco2.ucsd.edu/. 12 Mar. 2013.

Skovholt, O. "CO2 transportation system." *Proceedings of the International Energy Agency Carbon Dioxide Disposal Symposium* 9–11 1993: 1095–103. http://www.sciencedirect.com/science/article/pii/019689049390058I. Web. 13. Aug. 2013.

Spiegel. *Blühende Landschaften: Interview mit Berner. Der Spiegel*, 2001. http://www.spiegel.de/spiegel/print/d-19337214.html. 11 Jul. 2013.

---. "Wir stehen vor einem Rätsel: Interview mit Storch." *Der Spiegel* 2013, 25. Print.

Staab, M. *Der Carbonzyklus*, 2009. Universität Regensburg, Print.

Stroink, Gerling, Kühn, Schilling. *Die dauerhafte geologische Speicherung von CO2 in Deutschland - Aktuelle Forschungsergebnisse und Perspektiven: Geotechnologien Science Report*. Potsdam: Koordinierungsbüro Geotechnologien, 2009. Print. Geotechnologien Science Report 14.

TAB (Büro für Technikfolgen-Abschätzung beim Deutschen Bundestag). "CO2-Abscheidung und -Lagerung bei Kraftwerken." 2008. Print.

Thierstein, H. R. "Ursachen, Amplituden und Ratenlangfristiger, natürlicher CO2-Schwankungen." Eidgenössische Technische Hochschule Zürich. 2004. Presentation

Thürig, Schmid. "Jährliche CO 2 -Flüsse im Wald: Berechnungsmethode für das Treibhausgasinventar | Annual CO 2 fluxes in forests: calculation method for the Greenhouse Gas Inventory." *Swiss Forestry Journal* 159.2 2008: 31–38. Print.

TUHH (Technische Universität Hamburg-Harburg: Institut für Energietechnik). *Klimafreundliche Stromerzeugung für die Zukunft*. http://institut-wv.de/index.php/8237/. 13 Jun. 2013.

UBA (Umweltbundesamt für Mensch und Umwelt). *Verfahren zur CO2- Abscheidung und -Speicherung*, 2006a. Forschungsbericht 203 41 110. UBA-FB 000938. http://www.umweltdaten.de/publikationen/fpdf-l/3077.pdf. Web. 13. Aug. 2013.

UBA (Umweltbundesamt für Mensch und Umwelt). *Technische Abscheidung und Speicherung von CO2 – nur eine Übergangslösung: Positionspapier des Umweltbundesamtes zu möglichen Auswirkungen, Potenzialen und Anforderungen*, 2006b. http://www.umweltdaten.de/publikationen/fpdf-l/3074.pdf. Web. 13. Aug. 2013.

UBA (Umweltbundesamt für Mensch und Umwelt). *Klimawandel in Deutschland: Vulnerabilität und Anpassungsstrategien klimasensitiver Systeme*, 11 Jul. 2005. Forschungsbericht 201 41 253. UBA-FB 000844. http://www.umweltdaten.de/publikationen/fpdf-l/2947.pdf. Web. 13. Aug. 2013.

Uebel, Ugurlu. "Geschäfte mit heißer Luft: Der Handel mit den Treibhausgasen." *die Story.* WDR. 2009.

UNFCCC (United Nations Framework Convention on Climate Change). *National greenhouse gas inventory data for the period 1990–2010*, 2012. Print.

---. *CDM insights - intelligence about the CDM at the end of each month. United Nations Framework Convention on Climate Change*, 2013. Print.

Voß, Rath-Nagel, Blesl, Fahl. *Stromerzeugungskosten im Vergleich: Arbeitsbericht/Working Paper*, 2008. Universität Stuttgart. Institut für Energiewirtschaft und Rationelle Energieanwendung. Print.

Watson. *Land Use, Land-Use Change and Forestry: 1.2.1.2. A More Detailed Analysis of the Carbon Budget and its Change during the Past 20 Years*, 2000. http://www.ipcc.ch/ipccreports/sres/land_use/index.php?idp=19. Web. 21 Mar. 2013.

Würdemann, Kühn, Möller, Borm, Schilling. *Die dauerhafte geologische Speicherung von CO2 in Deutschland - Aktuelle Forschungsergebnisse und Perspektiven: Geotechnologien Science Report - Pilotprojekte zur CO2-Speicherung in Deutschland.* Potsdam: Koordinierungsbüro Geotechnologien, 2009. Print. Geotechnologien Science Report 14.

ZEIT ONLINE GmbH, Hamburg, and Germany. *UN-Klimakonferenz: Das Kyoto-Protokoll wird bis 2020 verlängert | Wirtschaft | ZEIT ONLINE*, 2012. http://www.zeit.de/wirtschaft/2012-12/klimagipfel-doha-beschluss. 1 May. 2013.

Zeitbild Wissen. "Klimaschutz und CCS: CO2 und CCS in der Industrie." 2011. Print.